当代石油和石化工业技术普及读本

石油炼制——燃料油品

（第三版）

中国石油化工工程研究会　组织编写

张国生　李维英　执笔

中国石化出版社

·北京·

图书在版编目（CIP）数据

石油炼制——燃料油品 / 中国石油和石化工程研究会组织编写. —3 版. —北京：中国石化出版社，2012. 7
(2024. 7 重印)
(当代石油和石化工业技术普及读本)
ISBN 978 - 7 - 5114 - 1671 - 1

Ⅰ. ①石… Ⅱ. ①中… Ⅲ. ①燃料油 - 普及读物 Ⅳ. ①TE62 - 49

中国版本图书馆 CIP 数据核字(2012)第 169001 号

中国石化出版社出版发行
地址:北京市东城区安定门外大街 58 号
邮编:100011 电话:(010)57512500
发行部电话:(010)57512575
http://www.sinopec-press.com
E-mail:press@sinopec.com
北京捷迅佳彩印刷有限公司印刷
全国各地新华书店经销
*
850 毫米×1168 毫米 32 开本 4.125 印张 72 千字
2012 年 8 月第 3 版 2024 年 7 月第 2 次印刷
定价:12.00 元

前 言

《当代石油和石化工业技术普及读本》(以下简称《普及读本》)第一版共包括了11个分册，2000年出版发行；2005年起根据石油石化工业的新发展和广大读者的要求，在修订了原有分册的基础上，补充编写了海洋石油开发、天然气开采等8个新的分册，于2007年出版发行了《普及读本》第二版；2009年我们又组织编写了煤制油、乙醇燃料与生物柴油等7个分册。至此，《普及读本》第三版共出版了26个分册，涵盖了陆上石油、海洋石油、开采与储运、天然气开发与利用、石油炼制与化工、石油化工绿色化及信息化、炼化企业污染与防治等石油石化工业相关领域的内容。

《普及读本》以企业经营管理人员和非炼化专业技术人员为读者对象，强调科普性、可阅读性、实用性、知识及技术的先进性，立足于帮助他们在较短的时间内对石油石化工业各个技术领域的概貌有一个基本了解，使其能通过利用阅读掌握的知识更好地参与或负责石油石化业的管理工作。这套丛书作为新闻出版总署“十五”国家科普著作重点出版项目，从开始组织编写到最后出版，我们在题材的选取、大纲的审定、作者的选择、稿件的审查以及技术内容的把关等方面，都坚持了高标准、严要求，力求做到通俗易懂、浅入深出、由点及面、注重实用。出版后，在社会上，尤其是在石油石化行业和各级管理部门产生了良好影响，受到了广泛好评。为了满足读者的需求，其中部分分册还多次重印。《普及读本》的出版发行，对于普及石油石化科技知识、提高技术人员和管理人员素质起到了积极作用，并荣获2000年度中国石油化工集团公司科技进步三等奖。

近年来，石油石化工业的发展日新月异，先进技术不断涌现；随着时间的推移，原有部分分册中的一些数据已经过时，需要更新。为了进一步完善《普及读本》系列读物，使其内容与我国石油石化工业技术的发展相适应，我们决定邀请国内炼油化工领域的专家对第一版及第二版的19个分册进行修订，组织该书第四版的出版发行，从而使该系列读物与时俱进，更加系统全面。

《普及读本》第四版的组织编写和修订工作得到了中国石油、中国石化、中国海油、中国神华以及中化集团的大力支持。参与丛书编写、修订工作的专家、教授精益求精、甘于奉献，精神令人感动。在此，谨向他们表示诚挚的敬意和衷心的感谢！

中国工程院院士

二〇一一年八月八日

《当代石油和石化工业技术普及读本》

（第四版）

编　委　会

目　录

第一章 概 论

石油是古代海洋或湖泊中的生物经过漫长的演化而形成的混合物，与煤一样同属于不可再生的化石燃料，是世界上最重要的一次能源之一。石油经过炼制，即经过一系列加工，才能获得供各种车辆、运载工具和机械设备应用的多种多样的石油产品。石油炼制行业的基本任务就是以油田开采的天然原油为原料，进行加工炼制，生产出符合使用标准的多种油品，如汽油、煤油、柴油、润滑油、石蜡、燃料油、沥青和石油焦等。

地下开采出来的天然石油，也称原油，不能直接拿来使用，必须采用石油炼制的方法，将其大分子物质裂化为小分子物质，形成不同分子量的油品。通常按其主要用途分为两大类：一类为燃料，如液化石油气、汽油、喷气燃料、煤油、柴油、燃料油等；另一类作为原材料，如润滑油、石油蜡、石油沥青、石油焦以及石油化工原料等。

本书专门介绍石油炼制的燃料动力油品部分，主要包括汽油、煤油、柴油等一些常用油品的性能及使用常识，炼制这些油品的生产工艺和设备，以及炼油厂的主要设施和环境保护等。

就世界范围而言，石油已经成为当代的主导能源。

2010年我国石油产量首次突破2亿吨，在世界排名第五位，为新中国成立时的近两千倍；2010年我国石油的表观消费量则达到4.49亿吨，石油净进口已突破2.39亿吨，我国石油的进口依赖度超过50%；按资源需求量预测到2020年我国需求石油6.5亿吨，进口依赖度可能达70%。因此，目前能源问题已经成为国内外关注的焦点。所以人们普遍希望对石油有更多的了解，从各个方面掌握一些石油的生产知识和应用知识，这是本书编写的主要宗旨。

第一节　石油的基本性质

一、石油特性与分类

石油是以碳氢化合物为主的油状黏稠液体。从地下开采出来的未经提炼的天然石油称为原油。在不同产区及不同地层，其物理化学性质有很大差别。一般来说，原油是一种黑褐色的流动或半流动黏稠液体，略轻于水，相对密度多在0.85~0.95左右，原油的凝固点差异较大，有些原油凝固点高达20~30℃，低的凝固点则在-20℃上下。原油实际上不是一种单一物质，而是一个成分十分复杂的混合物质。就其化学元素而言，主要是由碳元素和氢元素组成的多种碳氢化合物，统称“烃类物质”。原油中碳元素占83%~87%，氢元素占11%~14%，也就是说在原油中约96%~99%是烃类。原油中除了烃类物质之外，还含有微量的硫、氮、氧以及钒、镍、铜等重金属和砷、硅等非金属元素。这些元素虽然含量不大，但对石油炼制方法和产品质量影响是非常大的。

由于原油的组成十分复杂，对原油进行明确分类是十分困难的。在历史上，根据原油化学和物理的特性，从石油炼制的角度或者从商业的需要出发，产生了不同的分类方法。

通常按照原油特性因数 K 值，把原油划分为石蜡基、中间基和环烷基三种原油。其中：将 K 值大于 12.2 时定义为石蜡基，K 值在 11.5～12.2 之间的定义为中间基，K 值小于 11 的定义为环烷基原油。石蜡基原油的特点是密度较小，含蜡量高，凝固点高，含硫含胶质较少，属于地质年代古老的原油。环烷基原油的特点是密度较大，凝固点低，大都含硫含胶质含沥青质较多，是地质年代较年轻的原油。中间基原油的性质则介乎这两者之间。

根据原油的物理特性，将 20℃ 密度小于 0.8520 克/立方厘米的原油称为轻质原油，密度在 0.8520 克/立方厘米～0.9300 克/立方厘米的称为中质原油，密度大于 0.9300 克/立方厘米但不大于 0.9980 克/立方厘米的称为重质原油，而密度大于 0.9980 克/立方厘米的原油则称为特稠原油。

由于原油中的杂质硫含量超过一定的数值后，将给加工过程带来困难，对设备造成腐蚀，从而增加炼厂装置结构的复杂程度，同时含硫量大也给环保带来很大隐患。因此，以原油中的硫含量进行分类也是原油交易中一种常见的分类方法，并与原油价格存在一定的联系。习惯上，按照硫含量的高低将原油分为低硫（小于0.5%）、含硫（0.5%至2.0%之间）和高硫（大于2.0%）原油三大类。

由于原油中的酸性物质对炼油装置腐蚀较大，故对原油商品的交易价格也有较大程度的影响。通常，以酸值小于0.5毫克KOH/克的定为低酸原油或正常原油，以酸值0.5~1.0毫克KOH/克的定为含酸原油，以酸值大于1.0~5.0毫克KOH/克的定为高酸值原油，酸值大于5.0毫克KOH/克的定为特高酸值原油。酸值越大，原油价格越低，虽然约定俗成，但是还没有形成一定的标准。随着世界含酸原油的产量逐渐增多，原油酸值作为原油品质评价的项目也越来越受到人们的关注和重视。

原油的凝点对输送有指导意义。原油的黏度随温度的降低而升高，当黏度升高到一定程度时，原油即失去流动性；另一方面当温度降低至原油的析蜡温度时，蜡会结晶析出，随着温度进一步降低，蜡晶数量增多，并长大、聚结，直到形成遍及整个原油的结构网，原油即失去流动性。按凝点分类，可将原油分成下列几类：

（1）低凝原油：指原油凝点低于0℃的原油。在这种原油中，蜡的质量分数小于2%。

（2）易凝原油：指原油凝点介于0~30℃的原油。在这种原油中，蜡的质量分数在2%~20%的范围内。

（3）高凝原油：指原油凝点高于30℃的原油。在这种原油中，蜡的质量分数大于20%。

有时人们也常常按照原油中的蜡含量对原油进行分类。蜡含量的多少对原油加工的难易有很大影响，一般把蜡含量(质量分数)低于2.5%的称为低蜡原油，蜡含量为2.5%～10.0%的叫含蜡原油，而蜡含量高于10.0%的称为高蜡原油。

原油中的胶质、沥青质含量对原油的加工有较大的影响，对产品的类型也有一定程度影响。胶质、沥青质偏高的原油加工难度要增加很多。按胶质含量分类常以胶质含量(质量分数)不超过5%的称为低胶原油，胶质含量为5%～15%的称为含胶原油，大于15%的称为多胶原油。

综合以上情况，确定原油质量评价标准，其余相关指标在此基础上作为参考(见表1－1)。

表1－1　原油分类表

<table>
<tr><th>分类方式</th><th colspan="12">技术规格</th></tr>
<tr><td>API 分类</td><td colspan="3">轻质原油
>34</td><td colspan="3">中质原油
34～20</td><td colspan="3">重质原油
20～10</td><td colspan="3">特稠原油
<10</td></tr>
<tr><td>密度（20℃）分类/(千克/立方米)</td><td colspan="3">轻质原油
<852</td><td colspan="3">中质原油
852～930</td><td colspan="3">重质原油
930～998</td><td colspan="3">特稠原油
>998</td></tr>
<tr><td>组成(特性因数 K)分类</td><td colspan="4">石蜡基
>12.1</td><td colspan="4">中间基
11.5～12.1</td><td colspan="4">环烷基
<11.5</td></tr>
<tr><td>硫含量分类/%(质量)</td><td colspan="4">低硫原油
<0.5</td><td colspan="4">含硫原油
0.5～2.0</td><td colspan="4">高硫原油
>2.0</td></tr>
<tr><td>酸含量分类/%(质量)</td><td colspan="4">低酸原油
<0.5</td><td colspan="4">含酸原油
0.5～1.0</td><td colspan="4">高酸原油
>1.0～5.0*</td></tr>
<tr><td>水含量分类/%(质量)</td><td colspan="4">低含水原油
<0.1</td><td colspan="4">含水原油
0.1～1.0</td><td colspan="4">高含水原油
>1.0</td></tr>
</table>

注：*如果酸值大于5.0毫克KOH/克定为特高酸值原油。

二、油砂特性与分类

油砂亦称稠油砂，系油砂粒或岩石被又黏又重的稠油所浸润、包裹而形成的一种胶质、沥青、沙、富矿黏土和水的混合物，是一种待开发的特殊石油资源。每单位的沥青油含量一般为10%～30%，沙和黏土等矿物占70%～85%，余下为1%～5%的水。其中沥青油即为油砂内所含的原油，它比常规原油黏稠，属于超重油。油砂沥青一般具有高密度、高黏度、高碳氢比和高金属含量等特点，密度为0.97～1.015克/立方厘米（*API*14～8），室温下黏度一般为10×10^4～100×10^4毫帕·秒；其平均组分中的碳含量为83.2%，氢为10.4%，氧为0.94%，氮为0.36%，硫为4.8%，还存在有微量的重金属钒、镍、铁等。据统计，世界油砂资源折合成重油远远大于世界天然石油的探明储量。

世界不同地区的油砂性质不同、结构也不相同，油砂是沥青、水和砂石混合物，是露天开采的油矿。油砂是沥青质和水包裹的砂粒，沥青与砂的包裹方式也很不相同。比如：加拿大油砂(含油8%～12%)是亲水性油砂，油砂与沥青之间有一层水膜(大约10纳米)；而美国Utah油砂(含油8%～12%)是亲油基油砂，即沥青直接包裹油砂；印度尼西亚油砂1号和2号(含油23%～28%)为大块黏结状或松散黏结状油砂，含油量比加拿大和美国油砂高的多，较高的可以达到30%左右。亲水型油砂结构详见图1－1；亲油型油砂结构详见图1－2；印度尼西亚与加拿大油砂比较详见表1－2。

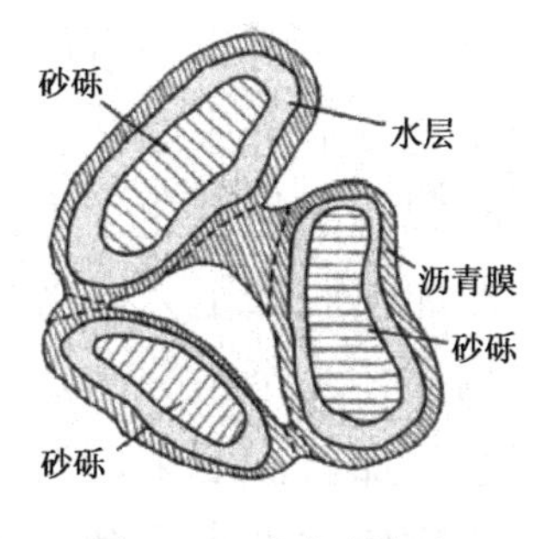

图1-1　亲水型油砂

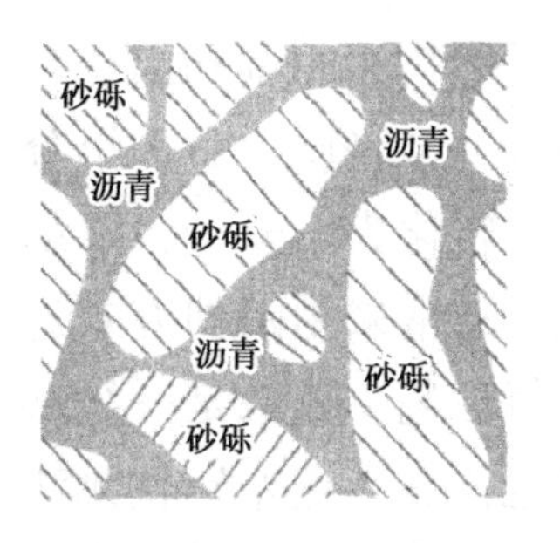

图1-2　亲油型油砂

表1-2　印度尼西亚与加拿大油砂比较　　%

项　目	印度尼西亚1号油砂	印度尼西亚2号油砂	加拿大油砂
油含量	23.65	27.20	10~12
含水量	痕迹	2	3~5
无机矿物	76.35	70~80	80~85
饱和烃	8.49	11.37	44
芳香烃	21.02	25.85	17
胶质	34.92	33.32	22
沥青质	35.53	29.45	17

第二节　石油炼制过程与概念

石油炼制过程即称“炼油”，其概念就是将大分子烃类物质加工成小分子烃类物质，也就是将原油加工成汽油、煤油、柴油等燃料油品，也可以生产出气体、液体和固体等其他各种产品。大分子烃类物质加工成小分子烃类物质，体现在分子组成关系上就是烃类物质氢碳比的调整，轻组分氢碳比增加，重组分氢碳比减少。

因为原油是烃类组成的混合物，所以，用物理加热蒸馏方式，可以分离出轻组分和重组分。轻组分可作为轻质燃料油的调和组分，而重组分则不可以，重组分需要进一步轻质化。重组分的轻质化要靠分子断链，由大分子转化为小分子，要用裂化或裂解的物理化学方法完成，通常采用两种方式进行，即加热脱碳工艺或者采用加氢工艺。如果是一组共沸物物质，几个组分沸点十分接近，靠沸点差异就无法分离了，那就需要采用溶剂萃取的方式进行烃类分离。还有些物质如沥青质和胶质存在于重组分中，利用重质组分与其他物质(胶质和沥青)在丙烷溶剂中的溶解度差别而进行萃取分离。这些加工关系如蒸馏、萃取、异构化、芳构化、烷基化、叠合、热裂化、焦化、催化裂化以及加氢裂化等构成不同的化工单元、把各种不同化工单元过程有机地组合起来，就构成了当前的炼油工艺，炼油工艺过程综述详见图1-3。

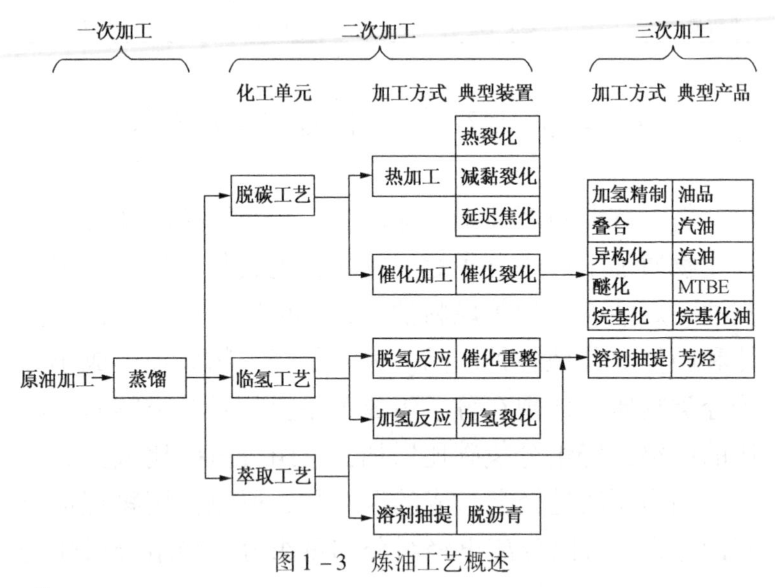

图1-3　炼油工艺概述

一、石油炼制的方法和手段

石油炼制工艺过程因原油种类不同和生产油品的品种不同而有不同的选择。就生产燃料油品而言，大体上可以划分为几种类型：燃料型炼油厂、燃料化工型炼油厂、燃料润滑油型炼油厂。每一种炼油厂都是由不同的炼制单元组成，简单型炼厂只有一个炼制单元，如原油蒸馏装置。复杂型炼油厂是由两个以上炼制单元组成，比如由原油蒸馏装置加上催化裂化装置组成的炼油企业。为了配合成品质量的达标合格，除了主要生产装置以外，还会配置一些产品或原料精制的装置；炼制加工需要燃料与动力等，还要配置供热、供汽、供风等辅助生产装置。可见，炼油企业是综合性加工企业。

(1) 原油蒸馏。原油是不同相对分子质量组成的烃类混合物，通常可以利用不同组分的沸点差异，用加热炉和分馏塔组合，采用加热的方法将其分离，习惯上将此过程称为原油的蒸馏过程。这是原油进行炼制加工的第一步，也可以说是石油炼制过程的龙头。炼油厂一般均是以其原油蒸馏装置配套综合加工能力作为该炼油厂的规模。原油蒸馏装置由常压蒸馏和减压蒸馏工序组成，可以把原油中各种不同沸点范围的组分，通过加热物理分离成各种馏分，获得直馏的汽油、煤油、柴油等轻质馏分和重质油馏分及渣油。

习惯上，将常压渣油称为重油，将减压渣油称为渣油。将减压侧线生产的馏分油称为蜡油，国外称为瓦斯油。我们也习惯上将原油蒸馏装置称为原油的一次加工装置。

（2）二次加工。从原油中直接得到的轻馏分是有限的，大量的重馏分（350～520℃）和渣油（>520℃）需要进行二次加工，即将重质油品进行轻质化加工，以得到更多的轻质油品。这就是石油炼制的第二大部分，即原油的二次加工。二次加工工艺包括有许多化工单元过程，如蒸馏、萃取、异构化、芳构化、热裂化、焦化、催化裂化以及加氢裂化等。各种生产装置都是根据原料和产品方案不同加以选择的，例如为增产轻质油品可以利用重质馏分油和渣油为原料进行催化裂化和加氢裂化反应；为了提高汽油辛烷值或生产芳烃类产品可以用直馏石脑油馏分为主要原料进行催化重整反应；以及以渣油为原料的延迟焦化、减黏裂化和渣油加氢处理等。可以说二次加工工艺是石油炼制过程的主体。

（3）油品杂质去除和提高质量的有关工艺。在石油原料中存在一定量的硫、氮、盐、金属等杂质，这些杂质作为原料影响后加工，作为产品调和组分影响产品质量，必须经过精制处理脱除，通常采用电化学精制和加氢精制等手段。为改善汽油、柴油等产品的质量指标，提高其使用性能和储存性能，也对产品进行必要的加氢精制处理，如油品的脱硫、脱色、脱臭。为提高油品质量的有关加工工艺，如降烯烃、脱除芳烃、增加调和组分等。尽管通过石油炼制一系列加工过程可以生产出多种石油产品，但不同的原油组成与性质以及市场对油品的特定需求，都会使原油加工方案的选择受到很大限制。由于石油炼制行业属于微利企业，还要考虑到石油炼制企业的经济效益。因此，依据原油的品种和市场对产品的需求、企业的规模，认真选择经济合理的原油加工炼制方案，是极其重要的。

石油炼制所采取的基本手段如前面提到的，第一是物料的切割，原料油通过蒸馏塔等设备作为一个物理过程进行切割，分成轻、中、重等不同沸点的馏分，分别进行加工处理；第二是物料的转化，通过各种反应设备，在有催化剂或无催化剂作用下，进行临氢或非临氢的物料轻质化；作为一个化学过程进行分子的轻质化、异构化、芳构化、烷基化等，使产品达到符合使用要求的性能；第三是物料的热交换，炼制过程需要不断地“冷变热、热变冷”，通过换热设备将冷、热物料相互换热，使热能最大限度加以回收利用；第四是物料加热，通过加热炉等设备达到所需温度，以便于进行蒸馏或反应；第五是物料的密闭输送，通过各类机泵设备进行液态或气态的压力输送；第六是在炼制过程中所需要的大大小小的容器，供物料储存、缓冲、静置或扩散。以上 6 种手段所用的设备除机泵类列为动设备或通用设备之外，其余 5 类一般称为“静设备”或“专用设备”。

我国石油炼制行业起步较晚，自 20 世纪 60 年代初大庆油田发现之后，原油产量快速增长，大大促进了炼油工业的迅猛发展，全国规划建设了一大批炼油厂和石油化工企业，石油炼制成为国民经济支柱产业之一。炼油行业在不断扩大炼量的同时，加强对炼油技术和包括军用油在内的石油新产品的科研开发，掌握了一批当代先进的炼油工艺技术，如催化裂化、催化重整、延迟焦化以及相应的催化剂和添加剂的开发生产。并且在很大程度上由国内自行设计、自行制造设备、自行施工安装，在不长的时间内成功地建成了一批大型生产装置，在炼油规模和技术上大大缩小了与发达国家的差距，并且为进一步发展打下了坚实基础。20 世纪 80 年代以后，在自力更生的基础上，通过国际合作与交流，有选择地引进了一些先进技术和开发了一些新技术，如加氢裂化、渣油加氢以及其他气体综合利用，清洁产品和工艺，重油深度加工技术等，使我国炼油技术又有了新的发展。进入 21 世纪以来，在低碳经济的要求下，在人们节能、环保意识的不断提高、技术不断进步的条件下，炼油工业在大跨度向低能耗、低物耗、低污染、低排放方向发展，更加重视清洁化生产和清洁化产品。

总之，中国炼油技术发展很快，已经成为世界前列的炼油大国，掌握了当代世界先进的主要炼油工艺技术，并根据中国国情有所创造与发展。但是，随着节能减排要求提高，环境保护要求日趋严格，我国炼油行业也还存在不少与形势发展不相适应的问题，特别是有关汽柴油等清洁燃料的生产；为化工行业提供更多优质原料；加工高含硫进口原油的处理技术；以及在能量消耗、自动化管理和销售经营网络等方面还有待于提高与完善。

国家在石油化工产业政策中也制定了新的要求，在石油和化工产业结构调整指导意见中提出：长三角、珠三角、环渤海地区要建成多个2000万吨炼化一体化基地，全国炼油平均规模要超过世界平均水平，技术装备和节能减排水平要明显提高。在炼油政策上，限制新建炼油项目，加快淘汰100万吨/年及以下的炼油装置，积极引导200万吨/年的炼油装置向生产特色产品转型、转向，防止以沥青、重油加工等名义新建小炼油项目。炼油企业会向大型化、基地化、集约化、一体化、清洁化方向发展。

二、石油炼制产品与标准

（一）石油炼制产品概念

原油经过石油炼制过程，加工成汽油、煤油、柴油等燃料油品，也可以生产出气体、液体和固体等其他各种产品。大多数石油产品都是由各种石油炼制过程生产的半成品(如几种汽油组分或润滑油组分等)，按质量要求经调配而成的(有时还要加入相应的添加剂)。

油品调配也称调和，为保证成品油的质量，石油燃料调配时需全面评价各种组分油的品质，然后根据市场需要将相应的组分油加以混合，调配成所需商品油。例如，直馏柴油与二次加工的柴油性质差异就比较大，直馏石蜡基原油生产的柴油组分，其十六烷值及凝点均较高，而由中间基、环烷基原油生产的柴油组分则相反。因此，可以将两者加以调配得到更好质量的产品。再如，石蜡基直馏柴油和催化裂化或热裂化柴油调配，在改进十六烷值的同时，还可以改善其安定性。商品汽油、柴油等都是调和后的产品。

石油燃料的调配通常需要控制的项目有：汽油主要控制辛烷值、馏程、蒸气压、实际胶质等；柴油主要控制十六烷值、黏度、闪点、倾点、冷滤点、储存安全性；喷气燃料主要控制馏程、冰点、密度、燃烧性能、热安定性、氧化安定性等。

润滑油的调配在所有的石油产品中，品种和牌号最多。通常由炼油厂生产出黏度等级不同的基础油(也称中性油)后，在本厂或在专门的调和工厂根据市场要求，将不同黏度的基础油加入石油添加剂调和制成各种商品润滑油。

由于原油炼制过程中，许多产品都是调和型产品，原油通过炼制可以获得几百种甚至更多的油品。不同的产品都有不同的组成关系，谈到石油的组成，还必须引入“馏分”的概念。不同沸点组分的混合体就称为一段馏分，比如：汽油馏分，就是碳五、碳六、碳七、碳八组分的混合物，对应的温度范围 50 ~ 180℃。这里所讲的汽油馏分并不就是汽油产品，汽油产品是同馏分下不同烃类组成调和后的产品，该产品满足产品质量和应用要求。

一般定义：将沸点在 40℃ 前的馏分定义为气体与轻烃，小于 180℃ 的馏分为汽油馏分，航空煤油切割的沸点范围是 150 ~ 280℃，而生产灯用煤油则为 200 ~

300℃，柴油馏分 180～350℃，350～520℃为减压馏分油，大于 520℃ 为渣油等，常用燃油的馏程表见表 1-3。

表 1-3 常用燃油的馏程表

燃油品种	航空汽油	车用汽油	喷气燃料	轻柴油
初馏/℃≥	40		150	
10%馏出温度/℃≤	80	70	165	
50%馏出温度/℃≤	105	120	195	300
90%馏出温度/℃≤	145	195	230	355

常用的燃料油品主要有：航空汽油、车用汽油、喷气燃料、灯用煤油、轻柴油、重柴油、燃料重油、船用燃料油等，以及相关联的产品如沥青、石油焦、液化石油气、化工轻油等。每种油品按其质量标准分为若干牌号。油品的质量标准，主要根据动力机械设备的运行和维护条件以及环境保护的要求，有严格的规定。包括对油品的密度、馏程、蒸发性能、燃烧性能、安定性、腐蚀性等都有具体的指标规定；同时对有些油品还有特殊的指标规定，例如车用汽油的质量标准中辛烷值高低是一个重要的指标，喷气燃料的冰点和柴油的十六烷值则是它们的重要指标之一。油品的质量标准与一般化工产品的质量标准有所不同，化工产品大都是单一的化合物，所以要讲求纯度、分子结构等，而油品无论是成品汽油、煤油还是柴油，仍然是多种性质相近的烃类化合物的混合物，根据使用性能的要求，可以把几种油品混兑调和，也可以加入某些添加剂，作为合格的成品出

厂，这是石油炼制工艺技术上的一个特点，宜加以注意。

从石油产品构成中可以看出，原油经过精心炼制，除了炼制过程自身消耗的能量及不可避免的损失之外，几乎全部都炼制成宝贵的能源产品，石油炼制的产品作为商品出售，一般炼油厂综合商品率均能达到92%以上；汽油、煤油、柴油和润滑油四大类综合收率在60%以上；如果包括溶剂油、石脑油等化工用油，按轻质油收率统计一般可以达到70%以上。

以2010年为例，我国生产石油产品的构成百分比详见表1－4。

表1－4　2010年我国生产石油产品的构成

项　目	生产比例/%	数量/万吨
原油加工量	100.00	42287
汽油、煤油、柴油、润滑油合计	61.80	26134
产品		
汽油	18.15	7675
煤油	4.05	1715
柴油	37.57	15887
润滑油	2.03	857
溶剂油	0.40	168
化工轻油	12.55	5305
燃料油	5.00	2115
石油沥青	6.19	2618
石油焦	3.36	1421
石蜡	0.31	131
液化石油气	4.82	2040
其他原料油	2.42	1024
综合商品率	96.85	40956
自用及损失等	3.15	1330

（二）石油炼制产品标准

中国根据石油炼制工业的特点并参照国际标准化组织的国际标准将石油产品分为石油燃料、石油溶剂及化工原料、润滑剂及有关产品、石油蜡、石油沥青、石油焦各类(表1-5)。

表1-5　石油产品分类

序号	产品分类	各类产品分组	品种数
1	石油燃料	气态燃料 液化气燃料 馏分油燃料 残渣燃料	40
2	石油溶剂及化工原料	轻质馏分油 汽油型溶剂油 煤油型溶剂油 芳烃型溶剂油 化工原料油	44
3	润滑剂及有关产品	车用油脂 工业用油脂 工艺用油脂	447
4	石油蜡	液蜡 皂蜡 石蜡 地蜡	57
5	石油沥青	道路沥青 建筑沥青 改质沥青	43
6	石油焦	普通石油焦 针状石油焦	6

世界各国使用的石油产品标准有国家标准、行业标

准、企业标准和军用标准。除俄罗斯和东欧国家外，其他国家的绝大部分国家标准和团体标准均是自愿性标准。目前，中国的石油产品标准为适应生产、使用和出口的需要，分为国家标准、部标准、企业标准、出口标准和军用标准。这些标准均为强制性标准，1984 年中国石油产品标准总数约为 736，现在取消部标准，改为专业标准。世界各国主要标准化组织使用不同的标准代号颁布石油产品的标准，部分国家石油产品标准代号详见表 1 –6。

表 1 –6　部分国家石油产品标准代号

标准化团体名称	团体略语	标准代号
国际标准化组织石油产品及润滑剂技术委员会	ISO	ISO
中华人民共和国国家标准局	CSBS	GB
美国实验和材料学会	ASTM	ASTM
美国石油学会	API	API
英国石油学会	IP	IP
日本工业标准调查会	JISC	JISC
联邦德国标准化学会	DIN	DIN
法国标准化协会	AFNOR	NF

第二章　几种常见的油品

第一节　汽　油

谈到汽油，人们必然会想到开汽车。现在会开汽车的人越来越多，了解汽油也就越来越有必要。中国的汽车历史已有百年，1949 年我国汽车保有量不过 5 万辆，新中国成立以来，特别是改革开放以来迅速增加，截至 2010 年年末，全国民用汽车保有量达到 9086 万辆，我国汽柴油消费达到 1.42 亿吨。民用轿车保有量已达到 4029 万辆，汽油消费量达到 6500 万吨。所以，汽油在石油产品中具有极为重要的地位。

汽油是无色透明液体，比水轻，其密度大体上在 0.71～0.75 克/立方厘米之间，也就是说和水相比，同样的体积，汽油的重量只相当于水重量的约 3/4。对于用作燃料的油品来讲，谈到轻重问题，有两种衡量尺度，一个是上面所说的衡量它的重量比水轻还是重，另外一个衡量尺度，就是不同油品蒸馏时蒸出的温度范围。不同的油品在不同温度下，会由液体蒸发为气态。汽油加热蒸馏从 40℃左右开始蒸发，蒸出第一滴油时的温度，叫初馏点，蒸馏出 10% 体积量时的温度约为 70℃，馏出 50% 的温度约为 120℃，馏出 90% 的温度为

190℃，蒸干的温度叫干点，约为205℃。而煤油、柴油的蒸馏馏程温度则比汽油高许多，我们说汽油比煤、柴油馏分轻。为什么谈到用作燃料的油品，如汽油、煤油、柴油等的性质时，都要特别说明它们的蒸馏馏程温度，这是因为它们在内燃机内燃烧时，都要有一个汽化燃烧的过程，不同的内燃机需要不同馏分的油品，所以选择汽油、煤油、柴油的馏分必须适当，以保证机器运行正常。

汽油之所以能驱动汽车跑动，是因为汽油在汽车发动机(内燃机或称汽油机)内燃烧，释放出大量热能，将此热能转化为机械能，就可以驱动汽车前进。发动机一般以四冲程循环工作，即进气、压缩、燃烧膨胀、排气四个冲程。其中，压缩冲程终了时的压力对发动机的效率影响很大，而这一压力大小取决于压缩比。压缩比是指进入汽缸的油气混合气的体积与压缩之后的体积比，压缩比大，压缩终了的压力就大，发动机的功率就高，经济性也更好。

一、汽油的使用要求及产品性能

对汽油的使用性能要求大体有以下几点：(1)燃烧性能要好，不发生爆震、早燃等现象；(2)要有良好的蒸发性能；(3)汽油质量要稳定，长期储存不变质；(4)汽油使用时对发动机没有腐蚀和磨损作用；(5)在使用过程中排出的尾气要达到环保要求。石油加工炼制所生产的汽油产品质量标准也基本上是根据这些要求来制订的。现分别说明如下：

1. 汽油的抗爆性

汽油的抗爆性能是代表汽油质量档次的一个主要标志。有的汽油在汽车发动机中使用时，汽缸中出现敲击声，燃烧室温度突然升高，并冒出黑烟，这就是汽车发动机的爆震现象。爆震的原因是油品承受压缩时，没有达到正常的点火压力点，就出现自燃。爆震时发出频率3000~7000赫兹的金属震音，激波破坏了存在于燃烧室金属表面的能够起到隔热作用的气体激冷层，导致金属温度急剧上升，金属零件的表面会因高温造成机械强度下降，出现烧蚀，对机械危害极大。

为此，对汽油的应用提出一项十分重要的质量要求，就是要有良好的抗爆性能。抗爆性的测试方法，是以汽油当中一种抗爆性比较好的异辛烷组分作为100，称之为辛烷值，用来对比各种汽油的抗爆性。正是由于抗爆性特别重要，因此汽油的牌号即以辛烷值高低作为标准。例如，轿车用的93号汽油，即表示其辛烷值为93。由于辛烷值的测定方法不同，辛烷值有两种数值，一种是马达法辛烷值(Motor Octane Number，缩写为MON)，一种是研究法辛烷值(Research Octane Number，缩写为RON)。油品的辛烷值是衡量油品抗爆性能的一种指标(也可以表达为控制油品自燃点的能力)。

世界各国车况和路况不同，采纳的标准也不同。我国汽油中使用研究法辛烷值(RON)为标准；欧洲则采用研究法辛烷值(RON)和马达法(MON)为标准；美国则采用的是(研究法辛烷值+马达法辛烷值)/2，或称为抗爆指数(ONI)为标准。目前，我国车用汽油通用的牌号为研究法93号和97号。航空用汽油的辛烷值要求更高一些。辛烷值的高低与炼制所用的原油以及加工工艺有关，在本书以后章节中论述。

提高辛烷值可采取加入抗爆剂的办法，过去常用的抗爆剂是四乙基铅，在汽油中添加0.3%的四乙基铅，能使辛烷值提高15～20单位。由于四乙基铅为剧毒，通过呼吸及接触就会使人中毒，加铅汽油燃烧后的废气严重污染大气，有害人体健康，我国已限制生产和使用。无铅汽油限定含铅量不大于0.013克/升，国外仍使用含铅量0.13克/升的低铅汽油。目前，代替四乙基铅的金属添加剂是甲基环戊二烯三羰基锰，简称MMT，是一种高效无铅汽油辛烷值改进剂。MMT抗爆剂加入到汽油中，可以大幅度提高汽油的抗爆性，国内外大量实验证明，在汽油中加入万分之一MMT，锰含量不超过18毫克/升，可提高汽油辛烷值2～3个单位。

为改善汽油结构，生产清洁燃料和可再生燃料，近年来发展了大量的醇醚燃料。提高辛烷值广泛采用的是醚类化合物，有甲基叔丁基醚和乙基叔丁基醚等，还将乙醇和甲醇作为汽油组分掺合物，这些含氧组分都是提高辛烷值的改进剂。但是，美国从加利福尼亚州出现污染地下水现象后，开始禁止使用甲基叔丁基醚(即MTBE)，认为它危及人体健康。

2. 汽油的蒸发性

汽油进汽缸前先要在汽化器内蒸发成气体状态，汽油能否在汽化器中蒸发完全，与汽油的蒸发性能有关。相对而言，汽油的馏分越轻蒸发性能越好，与空气混合也越均匀，进入汽缸燃烧也越完全。但汽油馏分过轻，蒸发性过高，在进入汽化器之前的管路内就会蒸发，形成气阻，从而中断了正常供油，致使发动机停止运行，也是不可取的。特别是在夏季、南方或高原地区更是如此。适度的蒸发性能不仅是发动机合理运行的需要，而且对环境保护也至关重要，据资料介绍，汽车排放污染物中的烃类有 15% ~20% 来自燃料的蒸发。因此对汽油产品要有一定要求，例如：10% 的馏出温度不高于 70℃，90% 的馏出温度不高于 190℃ 等。为了避免汽油在使用中发生气阻，对汽油产品质量还规定了“蒸气压”的指标，以保证汽油在使用中既有良好的蒸发性能，又将其蒸气压限制到一定限度。

3. 汽油的安定性

汽油产品在储存和使用过程中要求颜色基本不变，并且不生成黏稠胶状沉淀物。影响汽油安定性的因素在于汽油中含有的不饱和烃类及硫、氮化合物容易被氧化变质。使用安定性差的汽油会造成严重堵塞喷油嘴、火花塞因积炭而短路、排气阀关闭不严、汽缸壁积炭使传热恶化等，使发动机不能正常工作。

测定汽油安定性的指标主要是：(1)碘值：因为碘与汽油中不饱和烃类(即汽油中容易被氧化变质部分)起反应，碘值越高，说明不饱和物越多，安定性越差。(2)诱导期：主要是评定汽油储存的安定性，指汽油在一定压力温度下能经历多长时间(称为诱导期)不被氧化，汽油诱导期越长，生成胶质的倾向越小。(3)实际胶质：汽油内含有可溶性胶质，需要将汽油蒸干后才能测出。

改善汽油安定性的方法，是在炼油工艺上采取精制措施，或是加入适量的抗氧剂和金属钝化剂。

4. 汽油的腐蚀性

汽油的腐蚀性不容忽视。汽油在储运和使用过程中，都要与金属接触，因此要求汽油没有腐蚀性。汽油的基本组成是碳氢化合物，是没有腐蚀性的，但汽油在加工或储存过程中往往产生一些杂质，包括水溶性酸碱、有机酸、活性硫化物等，这些都对金属有腐蚀作用，因此汽油产品的质量指标中对汽油的腐蚀性要加以控制。表示腐蚀性的指标有：酸度、铜片腐蚀、硫含量等。

近年开发的醇醚燃料，是汽油重要的掺合组分，是有腐蚀性的组分，需要添加一些添加剂来防止腐蚀问题。

二、汽油的应用

汽油是应用于点燃式发动机(即汽油发动机)的专用燃料。汽油按用途可分为航空汽油和车用汽油，在加油站销售的汽油一般为车用汽油。汽油产品牌号在GB17930—1999《车用无铅汽油》标准中规定了三个牌号，该标准中汽油的牌号分为90号、93号和95号。目前市场上所见到的97号、98号汽油产品执行的产品标准均为企业标准。

90 号汽油适用于压缩比 7.0～8.0 的各型汽油汽车和汽油机作燃料。93 号、97 号汽油适用于压缩比 8.0 以上的各型汽油汽车和汽油机作燃料。原则上，化油器型车要严格使用压缩比对应的汽油牌号；电喷车由于有爆震传感器和点火提前角可以调整等电脑控制系统，同一牌号可以应用较宽的压缩比汽车。

我国车用汽油现在执行的是国Ⅲ汽油标准，即汽油的硫含量在 0.015% 以内。而北京、上海和广州等地执行地方标准硫含量在 0.005% 以内。2011 年 5 月 12 日国家又发布了新的 GB17930—2011《车用汽油》国家标准，要求全国从 2014 年 1 月 1 日开始执行。届时，车用汽油硫含量不大于 0.005%。北京市汽油升级从京标Ⅳ到京标Ⅴ的时间表已经确定，2012 年 5 月 1 日执行。届时，车用汽油硫含量不大于 0.001%，锰含量不大于 0.002 克/升。并调整商品汽油牌号，相应汽油牌号顺减一个单位，即相应的研究法辛烷值(RON)/抗爆指数([RON + MON]/2)分别变更为 89/84、92/87、95/90。

从环保角度要求控制汽油中的有害物质主要有 4 种：(1)苯：是公认致癌物，由于蒸发和不完全燃烧排入大气；(2)芳烃：提高汽油辛烷值主要靠芳烃组分，且能量密度也大，但燃烧后生成的沉积物多，宜适当加以控制；(3)烯烃：也是汽油的重要组分，但稳定性差，有的可能在空气中生成臭氧；(4)硫：燃烧后不仅直接污染大气，还对汽车尾气氧传感器产生不良影响。

发达国家对这些有害物质在汽油中的含量均已明令加以限制，我国在清洁燃料进程中也在不断强化。

随着喷气内燃机的发展，航空汽油的用量已减少很多，目前主要用于直升飞机和一些小型螺旋桨飞机以及喷气式飞机的起动等。航空汽油质量要求比车用汽油高，并加入染色剂以便于区分。航空汽油的抗爆性有两个指标，除辛烷值外，还有品度值。辛烷值是表示飞机正常飞行时，属于贫混合气(过剩空气系数为0.8～1.0)工作条件下汽油的抗爆性；品度值则表示飞机在起飞和爬高时，发动机在富混合气(过剩空气系数为0.6～0.65)工作条件下汽油的抗爆性。二者的测定方法不同。航空汽油也要求有适当的蒸发性、良好的安定性和抗腐蚀性；同时，还要求具有高的发热值，以保证飞机飞行时间长、续航里程远。

第二节 煤 油

煤油是轻质石油产品的一类。由天然石油或人造石油经分馏或裂化而得。单称“煤油”一般指照明煤油，又称灯用煤油和灯油。主要用途：点灯照明和各种喷灯、汽灯、汽化炉和煤油炉的燃料；也可用作机械零部件的洗涤剂，橡胶和制药工业的溶剂，油墨稀释剂，有机化工的裂解原料；玻璃陶瓷工业、铝板辗轧、金属工件表面化学热处理等工艺用油。根据用途可分为动力煤油、照明煤油等。评定灯用煤油的质量指标主要是：燃烧性(点灯试验)、无烟火焰高度、馏程、色度等。当前煤油绝大部分是用作喷气燃料。喷气式发动机问世之后，飞机的飞行速度可以超过音速(音速在15℃海平面为每秒340米)，飞行高度在万米以上；并且飞行速度越快，飞行高度越高，能耗越少。随着喷气式飞机的迅速发展，航空煤油的需求量也急速增长，成为石油炼制行业最重要产品之一。

一、喷气式发动机对燃料的使用要求

喷气燃料是石油产品之一，主要用作喷气式发动机燃料。它是由直馏馏分、加氢裂化和加氢精制等组分及必要的添加剂调和而成的一种透明液体。对喷气燃料的主要技术指标要求如下：

1. 要有较高的热值和密度

喷气式飞机功率大、续航时间长，飞机油箱容积有限，因此要求燃料具有较大的密度；同样，燃料热值越高，单位消耗量越低，有利于远距离飞行。

2. 良好的燃烧性能

喷气式发动机是在高空不间断地长期工作，要求用作燃料的航空煤油能够连续进行雾化、蒸发、快速燃烧和极少积炭。因此为保持良好的雾化性能，航空煤油质量标准对黏度大小有所限制，并用馏程参数来保证其蒸发性能。

3. 良好的低温性能

喷气式飞机在10000米以上高空飞行，气温很低，因此对喷气燃料的结晶点(冰点)有严格要求，应在

-50～-60℃。为防止冰晶析出，一般需加防冰剂。

4. 良好的润滑性能

喷气式发动机的高压燃料油泵是以燃料本身作润滑剂，燃料还作为冷却剂带走摩擦产生的热量，因此要求喷气燃料具有良好的润滑性能。

5. 良好的防静电性

喷气式发动机耗油量很大，每小时达几吨到几十吨，机场采用高速加油，剧烈摩擦容易产生静电，为了安全作业，喷气燃料应具有良好的防静电性。此外，喷气燃料还应有较好的安定性、洁净度、无腐蚀性等。

二、喷气燃料的品种与应用

目前，国产喷气燃料有4种：代号为：RP1，RP2，RP3，RP4。其中1号冰点低，适于高空和寒冷地区冬季使用，2号、3号适用于远程大型飞机和寒冷地区使用，4号用于亚音速飞机。

第三节　柴　油

柴油是压燃式发动机的燃料，根据使用需要可分为轻柴油和重柴油。大量应用的是轻柴油，可应用于汽车、拖拉机、内燃机车、工程机械、船舶和发电机组等压燃式发动机。轻柴油国家标准于1964年首次发布，并先后进行了5次修订。2011年6月16日，中华人民共和国国家标准公告2011年第9号“关于批准发布《普通柴油》等253项国家标准的公告”，要求2011年7月

1 日执行 GB252—2011 普通柴油标准，2013 年 7 月 1 日起执行硫含量 350 微克/克新标准（硫含量普通柴油与车用柴油是一样的）。

2003 年 5 月 23 日国家发布了 GB/T19147—2003 车用柴油标准，该标准为推荐性标准，并于 2003 年 10 月 1 日实施，其中硫含量要求不大于 500 微克/克。《车用柴油》（GB19147—2009）标准自 2010 年 1 月 1 日开始实施，过渡期为一年半，到 2011 年 7 月 1 日为强制性标准。

在北京、上海和广州还根据地区特点制订了地方标准，北京市 2008 年 1 月 1 日开始执行车用柴油标准 DB11/239—2007（京标Ⅳ，相当于国Ⅳ标准），硫含量不大于 50 微克/克。北京市柴油升级从京标Ⅳ到京标Ⅴ的时间表也已经确定，于 2012 年 5 月 1 日执行。届时，车用柴油硫含量不大于 0.001%。

轻柴油（2011 年已经修改为车用柴油和普通柴油）在使用性能上应具有良好的雾化性能、蒸发性能和燃烧性能；同时应具有良好的燃料供给性能；对机件没有腐蚀和磨损作用；并具有良好的储存安定性和热安定性等。此外，环保对清洁柴油提出了更高的要求。主要技术参数如下：

1. 柴油的雾化、蒸发和燃烧性能

（1）黏度是保证柴油雾化、燃烧以及高压油泵润滑的重要指标。高速柴油机运行时，喷油时间每次只有千分之一秒，要在这么短时间内使喷入的柴油汽化自燃，必须使油雾滴直径在0.02～0.025毫米范围内，才能保证燃烧完全。雾化好坏取决于黏度，黏度过大则雾滴大，与空气混合不均匀，燃烧不完全形成积炭；如果黏度过小，雾化虽好，但喷射角大而近，也不能与空气混合完全。试验表明柴油在20℃时黏度以$(3\sim8)\times10^{-6}$平方米/秒为宜，此黏度也能满足对柴油机自身的高压油泵的润滑作用。

（2）柴油的馏分组成是直接影响柴油蒸发性能的指标。馏分过轻，蒸发过快，容易引起爆震。馏分过重时，影响蒸发成可燃混合气，容易积炭，耗油量增加。所以高速柴油机要求轻柴油的300℃馏出量不小于50%。重柴油的要求不高，没有严格规定馏分组成，只限制残炭量。

（3）柴油的十六烷值是表示柴油抗爆性的主要指标。柴油机的爆震，表面现象与汽油机类似，而产生原因不同。虽然两者爆震均来源于燃料的自燃，但汽油机的爆震不是出现在电火花点燃初期，而是发生在燃烧过程中聚集的燃料太易自燃所引起的；而柴油机爆震原因恰好相反，是由于柴油不易自燃，开始自燃时，燃料在汽缸中集聚太多造成的。因此，柴油的十六烷值也代表柴油的自燃性。十六烷值是以正十六烷为100，如某柴油的抗爆性与含52%正十六烷的标准燃料的抗爆性相同，则该油的十六烷值为52。使用十六烷值高的柴油，柴油机燃烧均匀，热功率高，节省燃料。一般来说，转速大于每分钟1000转的高速柴油机使用十六烷值45～

50 的轻柴油为宜，低于 1000 转的中低速柴油机可使用十六烷值为 35～49 的重柴油。

近年来许多国家进行柴油掺水乳化试验，可改善柴油雾化、蒸发和燃烧性能，减少积炭，从而提高了功率，降低了耗油量。据介绍，掺入 10% 的水和 6% 的分散剂，可节省 10% 的燃料，并减少 3% ～5% 的废气烟尘。

2. 柴油的低温流动性

以柴油的凝固点表示其低温性能，是保证柴油输送和过滤性能的指标。对于露天作业和使用于低温条件下的柴油机，柴油的低温流动性能十分重要。要注意的是，柴油在高于其凝固点 5～10℃时就会有蜡结晶析出（称为浊点），容易堵塞管路和过滤网使供油中断。所以选择柴油牌号要比实际环境温度低 5～10℃。

3. 柴油对柴油机的腐蚀与磨损

柴油的含硫量、酸度、水溶性酸和碱、灰分、残炭及机械杂质等都是表示产品直接或间接对柴油机腐蚀和磨损的相关指标。柴油含硫对发动机的寿命有很大影响，硫化物燃烧后生成 SO_2 和 SO_3，遇到水蒸气生成硫酸和亚硫酸，严重腐蚀发动机部件。酸度和水溶性酸或碱等质量指标也是为了保证柴油机和柴油储运系统避免被腐蚀，防止由于腐蚀而增加喷嘴积炭和汽缸中的沉积物。同时，如柴油酸度过大会引起乳化现象。柴油燃烧残留的灰分能使积炭变得十分坚硬和具有腐蚀性，灰分来源于柴油所含的盐类、金属有机物和外界进入的尘埃等。一般控制灰分不大于0.025%。

4. 柴油的安定性

柴油长期储存如果颜色变深和胶质增加，说明柴油的安定性很差。柴油中含有不饱和烃与环烷芳香烃以及非烃化合物是储存安定性差的原因。柴油中胶质的增加，在燃烧时会产生积炭，造成机械磨损。在柴油机运转过程中，柴油温度不断升高，加上各种金属的催化作用，油中的不安定组分很快被油中的溶解氧所氧化，生成氧化缩合物，使喷油嘴堵塞及各部位积炭，导致磨损加剧。

5. 柴油的安全性

柴油的安全性主要是为了储存运输上的安全。柴油的安全性用闪点来表示。一些国家按不同季节和用途规定不同的闪点，一般为38～55℃，我国目前规定不分季节和牌号，除－35号及－50号之外，轻柴油闪点一律不低于65℃。

6. 为保护环境，对柴油提出日趋严格的环保要求

世界各地对清洁燃料的标准不断提高，例如美国部分地区自2005年起实施降硫计划，要求车用柴油含硫量低于汽油含硫量，限定炼油厂生产含硫0.0005%～0.0010%的轻柴油，以保证市场供应的车用柴油含硫量不超过0.0015%。美国加利福尼亚州还对柴油低芳烃量和高十六烷值提出具体要求。我国轻柴油含硫量过去主要是从柴油的腐蚀性考虑，分为：优等品（含硫0.2%）、一级品（0.5%）、合格品（0.7%）；随着环保

要求日益提高，自2002年起轻柴油含硫量一律限制在0.2%以下；北京等大城市还出台了车用柴油含硫量为0.035%～0.05%的控制指标。

第四节　燃料油

燃料油根据用途、属性有很多分类。按用途分为船用燃料油和锅炉用燃料油及其他燃料油；按含硫量，可分为高硫燃料油、中硫燃料油、低硫燃料油；按标准，可分为标准燃料油和非标准燃料油；根据加工工艺流程，燃料油从组分上一般是由常压重油、减压渣油、催化油浆和馏分油调和生产。

1. 锅炉燃料油的分类和标准

为了与国际接轨，中国石油化工总公司于1996年参照国际上使用最广泛的燃料油标准："美国材料试验协会(ASTM)标准ASTMD396—92燃料油标准"，制定了我国的行业标准SH/T0356—1996。

在产品标准化过程中，在黏度级别分类上国内与国外有很大区别，从国外进口的燃料油基本是按50℃运动黏度进行分类；而过去国内燃料油的分类以80℃运动黏度来划分牌号；目前使用SH/T0356—1996标准，标准中1～4号馏分型燃料油是以40℃分类，5～7号残渣型燃料油是以100℃运动黏度来分类，整个锅炉燃料划分为1～7号燃料油。

其中：1～4号燃料油是馏分燃料油：1号和2号是

轻质馏分燃料油，适用于家用或工业小型燃烧器使用；4 号轻和 4 号燃料油是重质馏分燃料油或是馏分燃料油与残渣燃料油混合而成的燃料。

5 号轻、5 号、6 号和 7 号是黏度和馏程范围递增的残渣燃料油，是我国使用最多的燃料油品种。

2. 船用燃料油的分类和标准

船用燃料主要包括船用柴油(馏分型燃料油)和船用燃料油(渣油型燃料油)。

我国船用燃料油国家标准 GB/T17411 是按照国际标准 ISO8217 执行的，没有自己的企业标准和行业标准。根据我国国家标准规定，船用燃料油可分为两类产品，一类是馏分型燃料，一类是残渣型燃料。

馏分型燃料包括 DMX(相当 -10 号轻柴油)、DMA(相当 0 号轻柴油)、DMB(相当 5 号轻柴油)、DMC(相当 10 号重柴油或 20 号重柴油)，主要在高速柴油机及中速柴油机中使用，为短途航行的中小船舶提供动力(例如航行于内河的运沙船、运矿船、渔船等)，或者用于船上的发电机组。

残渣型燃料包括船用残渣燃料油 RMD15(或称为 120 号、1000S)、RME25(或称为 180 号、1500S)、RMG35(或称为 380 号、3500S)。主要用于低速柴油机，或者与馏分型燃料混合后用于低速柴油机，船用燃料油通常根据 50℃ 时运动黏度的不同分为 180CST、380CST、500CST 等，主要用作远洋船舶以及航行于沿海沿江的大型船舶的燃料，船型大要求的黏度高，最高可达到700平方毫米/秒。180平方毫米/秒，380平方毫米/秒为市场上主流品种。

3. 国际燃料油质量变化趋势

国际海洋组织批准，在现行的两个排放控制区——波罗的海和北海地区执行低硫排放，常规燃料油硫含量要在2010年由现在的1.5%降到1%。新的排放控制区很有可能扩大到美国、加拿大沿海200海里范围；到2015年，燃料油含硫量要降到0.1%。

国际海洋组织另外计划，自2012年起在大部分国际海域，船用燃料油的含硫量要从现在的4.5%降到3.5%，从2020年起含硫量仅为0.5%。

从国际发展趋势上看，随着环境质量的要求提高，锅炉和船用燃料油的含硫量都要大幅度降低硫含量。

第五节　石油沥青

石油沥青是原油蒸馏后的残渣油。根据提炼程度的不同，在常温下成液体、半固体或固体。石油沥青色黑而有光泽，具有较高的感温性。

对石油沥青可以按以下体系加以分类：

按生产方法分为：直馏沥青、溶剂脱油沥青、氧化沥青、调和沥青、乳化沥青、改性沥青等；按外观形态分为：液体沥青、固体沥青、稀释液、乳化液、改性体等；按用途分为：道路沥青、建筑沥青、防水防潮沥青，和以用途或功能命名的各种专用沥青等。

石油沥青具有良好的黏结性、绝缘性、不渗水性，并能抵抗许多化学药物的侵蚀，因而广泛用于铺路、建筑工程、水利工程、绝缘材料、防护涂料等工业原料以及保持水土、改良土壤等领域，其中以道路沥青的用量最大。

沥青的性能中最基本的是软化点、针入度、延度(即延伸度)。软化点表示沥青的耐热性能，软化点越高则耐热性能越好。道路沥青一般为42～50℃，建筑沥青大于70℃。针入度反映沥青的流变性能，为使道路沥青与砂石黏结紧密需要高针入度的沥青；而作为防腐用的专用沥青，敷于管道及设备表面，需要低针入度沥青，防止流失。延度表示沥青的抗张性和可塑性，道路沥青要求的延度最高，是为了保证在低温下路面不致受车辆碾压出现裂缝。

乳化沥青是用黏稠沥青与水、乳化剂等混合，经机械搅拌、剪切，使沥青成为微粒悬浮于水中，形成乳化液。可在常温下储存、运输和施工，十分方便，已广泛用于筑路及防水工程等。

其他专用的石油沥青品种很多，常用的有：电器绝缘沥青，具有良好的耐电强度及绝缘性能，并且耐化学性好，广泛应用于电器工业和电力工程上；油漆沥青，具有易溶于苯及各类溶剂和对酸碱等的稳定性；管道防腐沥青，采用高软化点沥青，用于埋地管道及电缆的防腐；还有用于光学工业的研磨用沥青。

第六节　石油焦

石油焦来自石油炼制过程中渣油的焦炭化。石油焦是一种无定形碳，是一种重要的燃料和原料，主要用于有色金属、冶金和化肥、水泥等行业；按用途划分可作为炼铝、炼钢电极原料，生产超高功率石墨电极和做化肥、水泥的原料与燃料。

1. 低硫石油焦(生焦)

该产品主要用于炼钢工业中制作普通功率石墨电极，在炼铝工业中制作铝用碳素，也可用于化学工业中制作炭化物或作燃料。

2. 低硫煅烧石油焦(熟焦)

该产品主要用于炼钢工业中制作增炭剂，在炼铝工业中制作阳极糊，也可用于化学工业中制作还原剂。经进一步高温煅烧，降低其挥发分和增加强度，是制作冶金电极良好原料。石墨电极广泛地应用于电弧炉和矿热炉中冶炼钢、合金钢，及其他合金和非金属材料。

3. 针状石油焦(针焦)

该产品主要用于生产超高功率石墨电极和高功率电极能的材料。所做石墨电极具有低热膨胀系数、低电阻、高结晶度、高纯度、高密度等特性。针状焦的质量要求除含硫量、灰分、挥发分外，对真密度需加以控制，要保证气孔率小、致密度大，使所制造的电极的机械强度高；热膨胀系数是针状焦的重要质量指标，一般要求在2.6以下。

4. 高硫石油焦(通常硫含量≥4%)

一般用于锅炉燃料，制氢原料和水泥原料等。

目前，国内生产石油焦的装置为延迟焦化装置，生产的是普通石油焦，也称生焦，分为三个等级：1号石油焦用于炼钢工业的普通功率石墨电极，硫含量在0.8%以下；2号石油焦用于炼铝和制作一般电极、绝缘材料、碳化硅或作为冶金燃料，硫含量在0.8%~2%；3号石油焦仅适于作一般碳素制品及燃料。随着进口高含硫原油日益增多，除了一、二、三级焦外，增加了高硫焦的品种，用作锅炉燃料和水泥工业。针状焦也称熟焦，是将延迟焦化的原料及操作条件稍加调整生产出细纤维结构的优质针状焦。

第七节 液化石油气

液化石油气(LPG)是指石油当中的气态轻烃，以碳三、碳四(即丙、丁烷烃和烯烃)为主及少量碳二、碳五等组成的混合物，常温常压下为气态，经稍加压缩后成为液化气，装入钢瓶送往用户当燃料使用。随着石油化学工业的发展，液化石油气作为一种化工基本原料和新型燃料，已越来越受到人们的重视。在化工生产方面，液化石油气经过分离得到乙烯、丙烯、丁烯、丁二烯等，用来生产合成树脂、合成橡胶、合成纤维及生产医药、炸药、染料等产品。用液化石油气作燃料，由于其热值高、无烟尘、无炭渣，操作使用方便，已广泛地进入人们的生活领域。此外，液化石油气还用于切割金属、农产品的烘烤和工业窑炉的焙烧等。

商品液化石油气要求碳五及以上的烃类含量低，以保证残液少；含硫低，不造成环境污染。当前许多城市公共汽车及出租汽车等大量改装以液化石油气替代汽油，以改善汽车尾气对大气的污染。供城市居民生活及服务行业替代煤炭作燃料用的液化石油气，主要来自炼油厂炼制过程中产生的炼厂气以及油田的轻烃。使用液化石油气作为燃料有利于改善城市环境。不过，从石油炼制技术经济角度来看，炼厂气中所含轻烃(特别是丙烯和丁烯)为宝贵的化工原料，经过气体分馏和进一步加工可以生产出高附加值的石油化工产品。因此，液化石油气用作城市燃气应该是一个过渡性的行为，随着天然气的大规模开发、西气东输等管道建成供气以及液化天然气进口，我国各大城市已逐步以天然气替代液化石油气，把液化石油气中大部分组分用于化工原料方面。

第八节　化工轻油

化工轻油通常包括石脑油、宽馏分汽油组分、烷基苯料和其他化工用轻油，而其中以石脑油为主。石脑油是当今世界上最主要的蒸汽裂解制乙烯原料，约占全球乙烯原料的 80% 以上；此外，石脑油的 17% 用于制取芳烃的催化重整原料。

石脑油又名轻汽油，是一种无色透明液体，系石油馏分之一。石脑油由原油蒸馏或石油二次加工切取相应馏分而得。石脑油是主要的石油化工原料。其中，石蜡基石脑油主要用作制烯烃原料，而重质石脑油则主要用作制芳烃原料。

因用途不同有各种不同的馏程。我国规定馏程自初馏点至220℃左右，主要用作重整和化工原料。作为生产芳烃的重整原料，采用70～145℃馏分，称轻石脑油；当以生产高辛烷值汽油为目的时，采用70～180℃馏分，称重石脑油。用作溶剂时，则称溶剂石脑油，来自煤焦油的芳香族溶剂也称重石脑油或溶剂石脑油。

第三章　石油是怎样炼制加工的

石油炼制是指把地下开采的天然原油炼制加工成各类油品的整个工艺过程。为了取得符合标准的各类石油产品，对原油进行炼制加工要经过许多道工序。在炼油厂里，从原油进厂到产品出厂要先后经过数个生产装置加工。所以，每个炼油厂都要有生产工艺总流程图来反映出原油在加工过程中的流向，需要经过哪些生产装置加工，以及得到的产品品种与数量，由于炼油厂的生产连续性、密闭性和日处理量很大，炼油厂的生产总流程要在一段时间内相对稳定，不宜频繁改变。新建的炼厂要依据拟定的总流程进行各装置的设计和建设，正在生产的炼油厂要按照总流程安排生产计划和组织运行。石油炼制过程既要相对固定，又要能根据市场需要调整产品结构，在生产流程上有一定的灵活性；同时炼油工业是大规模连续生产的工业，一个大中型炼油厂每天要进出几万吨的原料和产品，自动化密闭操作，设备大型化露天布置，工厂占地数千亩，水、电、燃料耗用量大，安全防火要求极严等，这些特点在考虑加工方案时都要注意到。

原油是一个组成复杂的烃类混合物，不同产地和不同地层所采出的原油，其组成及物理化学性质都会有很大的差异。因此对不同原油要在进行常规评价、取得数据的基础上制订出不同的原油加工方案和生产总流程。例如，我国大庆原油属于低硫石蜡基原油，虽然直馏的轻组分较少，其减压馏分油以及掺入部分渣油是很好的催化裂化原料，经过催化裂化装置的二次加工可获得较多的轻质油品；同时也是炼制润滑油和生产石蜡的理想原料；但大庆原油含胶质和沥青质较少，不适宜生产高质量沥青。因此，在制订大庆类型原油的加工方案时，宜优先考虑生产润滑油和石蜡的加工方案，以及以催化裂化为主体的生产燃料油品的二次加工生产流程。当制订我国胜利油田孤岛原油的加工方案时则完全不同，孤岛原油属于含硫环烷基原油，其减压渣油适合生产优质沥青，但不适合生产润滑油和乙烯裂解原料。孤岛原油生产燃料油品的二次加工流程，则以采用加氢裂化工艺比较有利。目前，我国炼制进口原油数量越来越大，已占总加工量的1/2以上，其中含硫和高硫原油将占很大比重，含酸油加工也占有一定数量。对于含硫、含酸和高硫原油加工，则考虑的内容更为复杂，一般黏稠重质油走焦化路线多，一般稀油走渣油加氢路线多，在设备材质上要考虑腐蚀问题，进口含硫和含酸原油的工艺流程和设备选择要比低硫油复杂。

制订原油加工方案不仅要考虑原油的不同品质，还要根据市场对油品的需求，在市场经济的大环境下，既要考虑产品的市场需求，更要注意到具有市场的竞争能力，也就是要追求最大的利润。所以方案的制订既要有技术上的论证，也要有经济上的衡量。从对所要生产的产品要求来看，大体上可以分为4种类型。第一种是以多生产汽、煤、柴油等燃料油品为主要目的的“燃料型工艺流程”；第二种是在生产燃料油品的同时，多生产一些化工原料，也即“燃料－化工型工艺流程”；第三种是以生产润滑油为主要目的，即“燃料－润滑油型工艺流程”；第四种是生产润滑油兼化工原料，即“燃料－润滑油－化工工艺流程”。这只是从大的类别来分，实际上每一类中间还有不同的要求，例如，在燃料型方案中，有的要求以多产汽油为主，有的则要多产柴油为主等。燃料型加工方案的目的是尽量把原油炼制为汽油、煤油、柴油等燃料油品，可选用常减压蒸馏、催化裂化、焦化加工流程。这是我国燃料型炼油厂较为普遍应用的工艺流程，其特点是流程简单，生产装置少。原油先经过常减压蒸馏一次加工，把原油中的轻馏分汽、煤、柴油分出来。再把重馏分和塔底残留的渣油分别进入催化裂化和焦化等装置进行二次加工，把它转化为轻质油品。二次加工主要采用的裂化工艺就是将高分子烃化物(相对分子质量为300～500以上)在一定温度压力和有催化剂或氢气存在的环境下进行裂解，分解成几种相对分子质量较低的烃化物，包括：汽油(相对分子质量大致为80～150)、煤油(相对分子质量大致为150～250)、轻柴油(相对分子质量大致为200～300)。近年来，还发展了以多产化工原料——丙烯为主的催化裂解、掺渣油催化裂化等。最重的减压塔底渣油除了一部分可掺作裂化原料外，大部分需进行焦化，一般采用延迟焦化工艺，生成石油焦、部分汽柴油及裂化原料油。同时，为了提高汽油辛烷值，将直馏汽油进行催化重整，获得高辛烷值汽油组分和苯类产品。有些原油含硫、氮、金属等杂质以及难裂化的芳烃含量较高，其重馏分进行催化裂化不能达到理想的效果，则有必要采取常减压－催化裂化－加氢裂化－焦化工艺流程。这几种常见工艺流程示意图如图 3－1～图 3－3 所示。

在制订原油加工方案时还根据原油的特点，建设有低硫原油加工企业、含硫原油加工企业，含酸原油加工企业，重油和沥青生产企业等，这些企业之间的装置构成都是不同的。

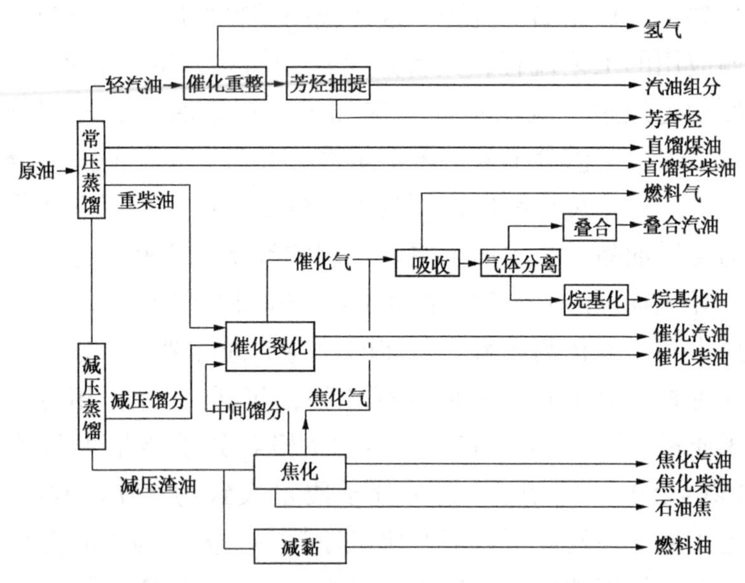

图 3－1　常减压蒸馏－催化裂化－焦化工艺流程示意图

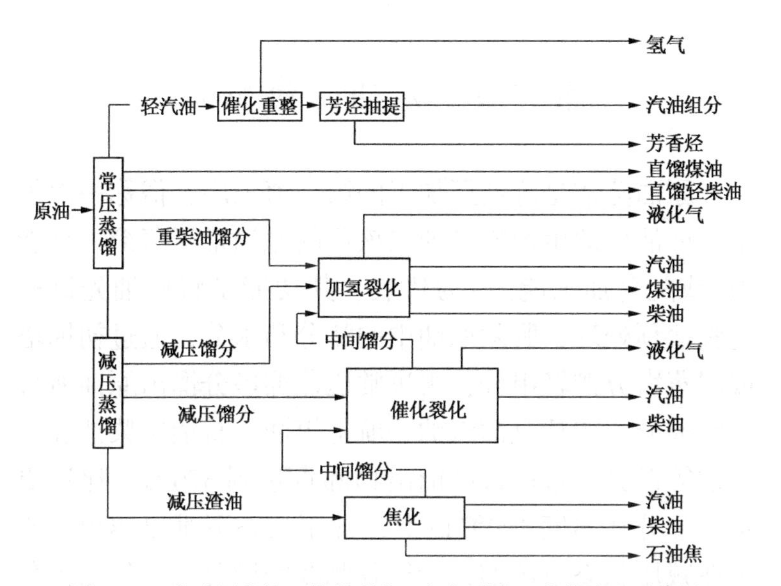

图 3－2　常减压蒸馏－催化裂化－加氢裂化－焦化流程示意图

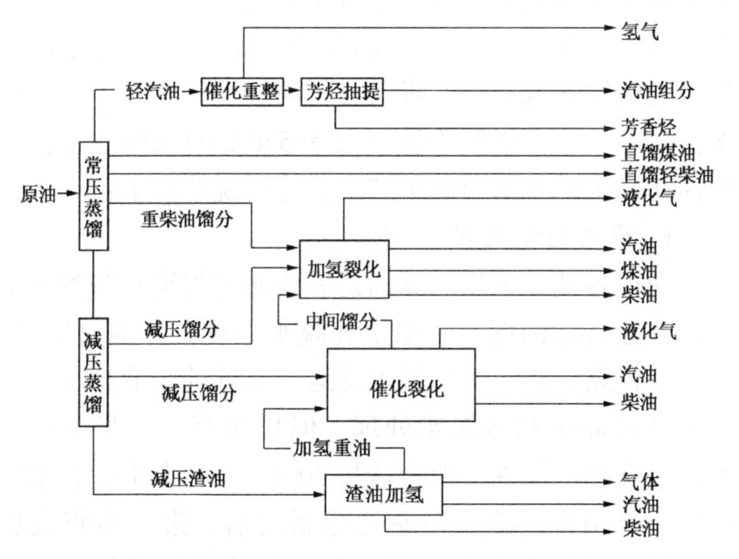

图 3－3　常减压蒸馏－催化裂化－加氢裂化－渣油加氢流程示意图

第一节　原油的初加工

原油蒸馏是炼油厂加工的第一道工序，俗称一次加工。炼油厂的生产规模即以该厂的原油常压蒸馏处理能力(或配套加工能力)为代表。其功能是将原油先进行电脱盐预处理，脱除原油中的盐分和水分，通过初馏塔或闪蒸塔分馏轻组分，再进常压蒸馏塔分馏出原油所含的轻馏分，包括直馏汽油、航空煤油、直馏轻柴油和重柴油等馏分，常压最高馏出物沸点达到370℃。比这更重的馏分在温度400℃以上，常压状态下难以蒸出，必须在减压状态下蒸馏，所得各侧线的馏分油可作为催化裂化或加氢裂化的原料，也可作为润滑油原料。减压塔底为沸点大于500～540℃的减压渣油，可作为延迟焦化装置的原料或制取沥青及燃料油。近年实施了减压塔深拔技术，减压塔底为沸点大于570℃的减压渣油，对原油初加工的各部分的生产工艺简要说明如下：

1. 原油的预处理

油田各油井采出的原油是需要通过管道集输到集输站，并进行原油储存、稳定和脱水处理。再通过管道、水运、铁路、汽车等运输工具运送到炼油企业加工。原油虽经过油田初步脱水处理，但仍含有一定量的盐和水，进炼油厂原油一般含盐量50毫克/升上下，含水量0.5%～1.0%，必须在原油炼制之前，进一步将其脱除。因为原油含水在加工过程中必然增加燃料动力消耗，严重时会引起蒸馏塔超压或出现冲塔现象；原油含盐大部分是氯化钠，其余是氯化钙、氯化镁，受热后易水解成盐酸，腐蚀设备，并容易结成盐垢堵塞管路，而且原油中的盐在蒸馏时大都残留在重馏分油或渣油中，影响二次加工过程及其产品质量。为此，一般原油在罐区进行脱水处理，在装置内进行脱盐处理，要求预处理后原油含盐小于3毫克/升，含水小于0.2%。原油预处理采用二级电脱盐脱水工艺，对于稠油或黏度较大的油品采用三级电脱盐处理。原油所含盐和水是作为盐的水溶液状态分散在油中，形成油包水型乳化液，很难分离，所以要在原油中添加破乳剂，并在高压电场和110～140℃温度下进行脱盐脱水，原油越重，操作温度越要高些。使乳化液被破坏成为小水滴，再聚集成大水滴，通过沉降分离，盐水沉降于电脱盐罐的底部，作为污水排出。第一级电脱盐脱水的脱盐率可达90%以上，再经过第二级或第三级电脱盐脱水即可达到要求。

2. 常压蒸馏

常压蒸馏是物理分离方法，利用混合物各组分沸点不同，将受热后轻组分（即低沸点物质）与重组分（高沸点物质）进行分馏。工艺过程为将脱盐脱水后的原油，进行换热和加热进常压装置进行蒸馏。所谓蒸馏，就是将原油或其他液体混合物加热使之汽化，汽化了的各种不同沸点的组分在不同结构塔盘上进行气液两相交换，重组分冷凝下来，轻组分通过塔盘上的液相向上溢出，利用沸点差，从而分离成为各个不同沸点范围的馏分，达到使原油或其他液体混合物连续分馏成各种馏分的目的。塔式连续蒸馏运行情况如图 3 - 4 所示。

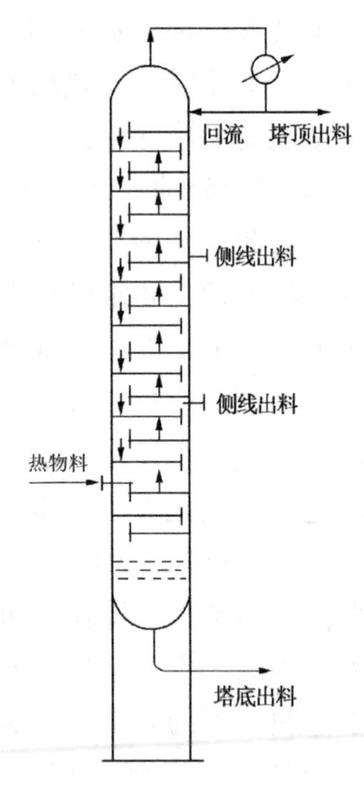

图 3 - 4　塔式连续蒸馏示意图

常压蒸馏的工艺流程是将电脱盐后的原油经过一系列换热器取热，达到 210 ~ 250℃，这时原油中一部分较轻的组分已经汽化，成为气液混合物的原油进入初馏塔或闪蒸塔，塔顶出轻汽油馏分，塔底为拔头原油。拔头原油再经换热进一步取热后进入常压加热炉加热至 365℃左右形成气液混合物进入常压分馏塔。常压塔高数十米，除塔顶、塔底出口外，在塔体上部和中部设有三、四个侧线馏出口，塔内装有三十余层塔板(也称塔盘)，塔板型式有多种，过去使用泡帽塔板，为提高分馏效率和降低造价，目前多采用浮阀塔板、舌形塔板等。在塔内，气液混合的原油从塔的下半部进入后，向上窜动通过层层塔板使气液分离，汽油馏分的沸点最低，从塔顶馏出，经冷凝冷却至 40℃左右，一部分作汽油馏分出装置，一部分作塔顶冷回流，以控制塔顶温度；煤、柴油馏分则依次从各侧线馏出，分别经过各汽提塔注入水蒸气，把各馏分中的低沸点组分汽提出来，连同水蒸气一道从汽提塔顶返回常压塔内，符合沸点要求的煤、柴油组分从汽提塔底出装置。沸点大于350℃的馏分称为常压重油，由塔底流出去减压系统。

初馏塔及常压塔顶所得到的汽油馏分如果不作为汽油产品的调和组分时，也可以称之为石脑油馏分，作为本厂重整原料或商品出厂供其他厂作为化工原料。用作工业溶剂的各种溶剂油，也是来自汽油馏分。

3. 减压蒸馏

减压蒸馏也称真空蒸馏，是在接近真空(残压1~8千帕)状态下进行蒸馏的过程。为什么要在接近真空状态下进行蒸馏呢？这是应用了“物质的沸点随外界压力的减小而降低”的原理，把在常压下难于蒸馏的常压重油在抽真空的条件下降低其沸点进行蒸馏，可以把沸点高达500℃以上的馏分深拔出来。

减压蒸馏的流程是将常压塔底重油用泵送入减压加热炉，加热到380~410℃左右进入减压塔。对燃料型炼油厂而言，减压蒸馏只是为了分馏出裂化原料，要求分馏的精度不高，为了减少压降，塔内大都选用金属规则填料(如格栅填料、板波纹填料等)代替过去所用塔板。如果生产润滑油时，分馏精度要求高，要把四、五种沸点不同的润滑油馏分从减压塔各侧线切割出来，则在减压塔内需要设若干层塔板。为了控制各流出线的油品质量，增加一些终端回流线。加工含硫及高酸原油的减压塔内壁容易被腐蚀，需要做不锈钢衬里。减压塔内形成较高真空度是靠塔顶馏出线上安装抽真空设备，包括：管壳式冷凝器、蒸汽喷射器、水封罐等，将塔顶出来的不凝气和水蒸气首先进入冷凝器，蒸汽和油气被冷凝排入水封罐，不凝气经一级和二级蒸汽喷射器抽真空，使减压塔内取得较高的真空度。减压塔侧线出催化裂化或加氢裂化原料油，分馏精度要求不高，不设汽提塔。塔底为减压渣油，主要用作延迟焦化原料、渣油加氢处理原料或作为燃料油及石油沥青。为提高减压馏分油的拔出率，采用降低油品分压的方法，向塔底部注入水蒸气，称为"湿式减压蒸馏"。但是，注入水蒸气影响减压塔真空度，增加能耗。目前，多以不向塔内注蒸汽的"干式减压蒸馏"方法来取代湿式法，这是因为塔内取消了塔板，采用了金属填料，从而减少了塔内压力降，提高了真空度，不需注入水蒸气，这样可以降低能耗。

4. 防止设备腐蚀的措施

常压与减压蒸馏装置是炼油厂的龙头，保证长周期安全运转对后面各装置正常运行关系很大，而设备与管线的腐蚀问题直接影响着开工周期。原油中含有的无机盐类、硫化物、有机酸均对设备及管线有腐蚀作用。为了减轻对设备的腐蚀，一般采用"一脱四注"的措施：一脱就是电脱盐脱水。四注是：(1)注碱中和油中酸性组分，电脱盐后的原油注入碱溶液可以把残留的氯化镁变成不易水解的氯化钠，并将水解生成的氯化氢加以中和，也能中和原油中的环烷酸和一些硫化物；(2)塔顶馏出线注氨，进一步中和硫化氢和氯化氢，减轻塔顶及管线腐蚀；(3)塔顶馏出线注缓蚀剂，注氨时生成氯化铵沉积并腐蚀金属，注入缓蚀剂吸附在金属表面，保护设备和管线不被腐蚀。(4)塔顶馏出线注碱性水，主要保护塔顶冷凝器，减轻腐蚀与结垢。

常减压装置的腐蚀介质主要是无机盐、硫化物和有机酸等。通常认为：含盐0.5毫克/升以上；含硫0.5毫克/升以上；酸值0.5毫克KOH/升以上，在蒸馏加工过程中，对管线、设备将产生较严重的腐蚀。

腐蚀问题可采用更换材质、加强腐蚀监控等方法解决。考虑到以上因素，在常压和减压系统同时存在高温硫腐蚀的情况下，应在常压和减压炉出口的转油线上安装腐蚀监控点；在常压塔柴油侧线和减压塔靠下部侧线及弯头部位安装腐蚀监控点；其他腐蚀部位，根据材质和设备使用寿命情况，在关键腐蚀部位设置腐蚀监控点。

5. 减少能量消耗

石油炼制消耗能量很大，形象地说，石油加工过程就是原油或原油产品经冷变热、热变冷、再变热、变冷反复多次的过程。油品由常温离开油罐，进装置前要加热到300～500℃蒸馏或反应，生成物要从300～500℃冷却到常温后出装置，油品在装置中需要进行大量的能量或热量交换。因此，炼油厂需要特别注意换热系统的效率，进装置的冷油要通过一系列换热器把需要冷下来的生成物的余热通过交换而回收，例如进常减压装置的原油差不多通过换热可达到300℃以上再进加热炉去加热，加热炉燃烧用的空气也要与炉子外排烟气换热到200℃以上再进炉利用。由于常减压装置加工量最大，其耗能占全厂比重很大，所以要注意提高热回收率、加热炉效率，改进塔板、填料、冷换设备结构，减少加工损失等，其中提高热回收率是关键。多年来，国家贯彻节能减排政策，炼油技术不断进步，我国常减压装置的能耗不断下降。目前，常减压装置的定额能耗 11 千克标准油/吨，国内先进能耗达到 9.89 千克标准油/吨，此外，相关装置进行热联合，建设大型联合装置都是节能的重要途径。

6. 装置规模大型化与开工长周期

炼油企业属于微利经营，装置必须达到经济规模，使原油资源得到综合利用，才能发挥投资效果，取得较好的经济效益。我国炼油厂在20世纪80年代的经济规模是 250 万吨/年，2000 年经济规模是 500 万吨/年，目前，炼油经济规模已经发展成 800 万吨/年，在设备上追求单系列规模大型化。一般认为，常减压装置的经济规模应该达到 800 万吨/年或更高些，在现行油品价格体系下，新建 800 万吨/年炼油企业的内部收益率不足13%，炼油装置大型化的经济效益显著。我国目前常减压装置单系列规模最大的是 800 万吨/年，而单系列的 1200 万吨/年装置正在设计当中。与此同时，炼油装置的开工周期越长，既代表其具有先进生产水平，又可增加经济收益，特别是作为炼厂龙头的常减压装置的开工周期对全厂影响很大，国外炼厂常减压开工周期可长达5年，在此期间不停工大修，我国炼油企业一般要求是3年。

常减压蒸馏生产流程示意图如图3－5所示。

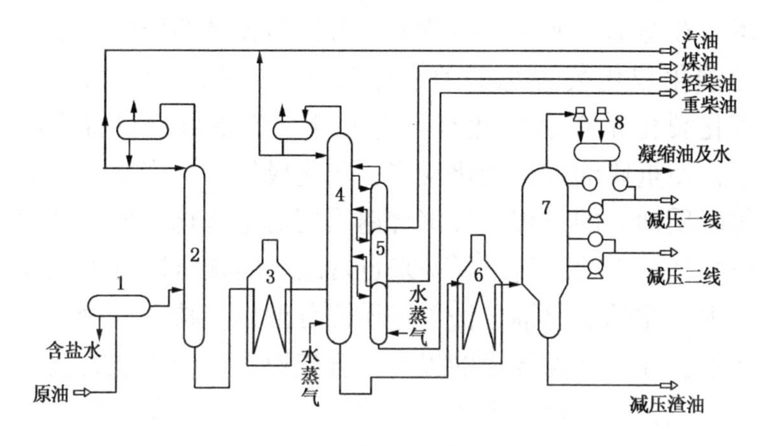

图3－5　常、减压蒸馏工艺流程示意图

1—脱盐罐；2—初馏塔；3—常压炉；4—常压塔；5—汽提塔；6—减压炉；7—减压塔；8—抽空器

第二节　原油的深加工

国内原油的初加工（常压拔头）一般只能得到数量不多的轻质油产品，只不过20%～35%，而且品种单一，质量也不容易达到要求，必须再进行深度加工。炼油厂称为二次加工的装置主要有石脑油加工装置、蜡油加工装置、重油加工装置，渣油加工装置等。代表型二次加工的装置主要有催化裂化、加氢裂化、催化重整、延迟焦化、渣油加氢、减黏裂化、溶剂脱沥青、氧化沥青等装置。现将各装置工艺过程分别简述如下。

1. 催化裂化装置

催化裂化是我国石油炼制二次加工工艺上首要的技术，在炼油工业生产经营上起着极为关键的作用。全国的催化裂化装置总能力占原油加工总能力40%以上。催化裂化是在有催化剂的存在下，在500℃左右温度下，使重质油进行裂化反应，转化成气体、汽油、柴油等轻质油品的过程。我国普遍采用的是流化床催化裂化（FCC），它的原料主要是来自常减压的减压馏分油以及延迟焦化的焦化馏分油等重质馏分油以及掺入少量减压渣油；随着环保要求的提高，含硫原料已经不能直接加工，焦化馏分油等重质馏分油以及减压渣油都需要加氢脱硫后再进催化裂化装置加工，对于催化原料预处理，开发了蜡油加氢处理和渣油加氢处理技术。

催化裂化装置产品是以汽油、柴油为主，并产10%～20%气体，大部分是碳三、碳四（即液化石油气），其中含有大量烯烃主要为丙烯，是重要石油化工原料。催化裂化轻质油收率可达70%以上，所产汽油辛烷值高，我国市场上供应的汽油当中催化裂化汽油占大部分。但由于环保对汽油品质要求日趋严格，催化汽油面临两个问题：一是烯烃含量高，一般重油催化的汽油烯烃在40%以上；二是商品汽油的硫90%来自催化汽油。为此，需要采取催化汽油选择性加氢精制或催化原料油加氢脱硫技术。目前国内已开发了MIP工艺技术、MIP－CGP 技术和灵活 FDFCC 技术，并开发出多种降烯烃的催化剂和助剂，可使催化汽油烯烃含量大幅度降低，达到清洁汽油的质量标准。

为了达到清洁汽油的质量标准，国内研究、设计等单位还开发了大量催化汽油后处理技术，如 RSDS、OCT－M 选择性加氢脱硫技术、RIDOS 非选择性加氢脱硫技术、FRS－FCC 全馏分汽油加氢脱硫技术等，这些技术已经成为催化裂化配套技术。

重质油的轻质化在过去采用的是自由基反应的热裂化工艺，将重油加热到 500℃上下进行裂化反应，通过自由基反应将大分子烃类裂化生成汽油等轻质油品，因所产汽油安定性差，辛烷值较低，加上在裂化反应过程容易结焦，我国的热裂化工艺已在 20 世纪 80 年代被催化裂化工艺所取代。催化剂是提高反应速度的一种媒介，也叫触媒，是一种能改变化学反应速度而自身不发生反应的物质。催化裂化装置采用了能提供比表面和孔道的无定形硅铝物质为载体，能提供裂化活性的 SiO_2－Al_2O_3分子筛为活性组分，合成制造为催化裂化催化剂，它具有多孔性，有很大的表面积，每克催化剂的表面积可达 500～700 平方米，催化剂表面具有酸性，催化反应即是烃分子吸附在这些酸性多孔表面上进行的裂解、异构化、氢转移等反应，催化剂促进化学反应的能力称为催化剂的活性。新鲜催化剂具有很高的活性，经过一段时间的反应，活性下降，需要进行再生。催化裂化装置是在有催化剂存在下的脱碳反应，反应机理为“正碳离子”反应，将大分子烃类裂化生成汽油等轻质油品。催化裂化装置由三个部分组成：反应－再生系统、分馏系统、吸收稳定系统：

(1)反应－再生系统是装置的主体，新鲜原料(减压蜡油及焦化等重馏分油)经换热后与回炼油混合进入加热炉加热到370℃喷入提升管，提升管是一根直立式三十余米长的管子，上部与沉降器相连，下部设有进料口，原料油在提升管下部与来自再生器的高温催化剂接触并立即气化，油气与水蒸气一起携带着催化剂以每秒7～8米的速度向上流动，边流动边进行裂化反应，反应温度为460～530℃。反应后的油气及催化剂一起从提升管上部进入沉降器(也称反应器)，沉降器为圆筒形普通碳钢设备，筒体内壁敷设隔热耐磨衬里，沉降器上部为沉降段，底部为汽提段，沉降段装有数组两级旋风分离器，油气通过旋风分离器分出所携带的催化剂，催化剂则沉降于沉降器底部汽提段，汽提段设有人字挡板，用水蒸气将催化剂夹带的油气吹出后等待再生，反应后的油气由沉降器顶部出口去分馏系统。待生催化剂经待生斜管及待生单动滑阀进入再生器，再生器也为圆筒形碳钢设备，筒体内壁同样敷设隔热耐磨衬里，防止催化剂在高温下的冲刷磨损，筒体上部为稀相段，是为了使再生了的催化剂沉降有足够的空间，并设有多组两级旋风分离器使催化剂从烟气中分离；下部直径略小为密相段，是催化剂形成流化和烧焦再生的主要部位，中间变径部位为过渡段。待生催化剂从再生器底部进入并与来自主风机的空气相遇，形成流化床层并燃烧再生，再生温度一般为650～680℃。再生后的催化剂经再生斜管及再生单动滑阀返回提升管反应器循环使用。催化剂再生过程实际是烧去其表面在反应过程中产生的焦炭，烧焦产生的再生烟气经再生器顶部的两级旋风分离器分出烟气中携带的催化剂后，通过双动滑阀排入烟筒或到能量回收系统。单动和双动滑阀都是高灵敏度的自动控制调节机构，单动滑阀调节两器之间的催化剂循环量，双动滑阀调节再生器的压力，和反应器保持一定的压差，它们对于保证流化催化反应的正常运行，是十分关键的。因为烟气温度很高(450℃左右)并含有大量一氧化碳，所以要进行能量回收。可以采用烟气透平和废热锅炉回收其能量，然后再排入烟囱。在催化剂再生方案中有两种再生模式，一种是完全再生，即再生烟气中氧含量2%～5%为富氧再生；另一种是部分再生，再生烟气中氧含量0.5%～1%为贫氧再生。贫氧再生烧焦不完全，后面需要增加一座一氧化碳锅炉，而富氧再生烧焦完全后仅是余热锅炉。现多数炼油企业均采用完全再生技术。

(2)分馏系统。由于来自沉降器(反应器)顶部的高温油气为500℃左右，温度过高，并且携带有少量催化剂粉末，进入分馏塔下部要先通过人字挡板与塔底抽出的油浆换热并冲洗粉尘，然后到分馏段通过多层塔板进行分馏，得到气体(干气和液化石油气)、粗汽油、轻柴油、重柴油、回炼油和油浆。气体和粗汽油去吸收稳定系统；轻、重柴油经汽提后出装置，一部分轻柴油作为吸收剂到吸收稳定系统；回炼油及油浆送反应再生系统回炼，其中一部分油浆返回分馏塔下部去冲洗催化剂粉尘。

(3)吸收稳定系统。该系统设立的目的：是将催化裂化所得的粗汽油中的液化气组分分离出去，同时将液化气中的干气(碳一、碳二)也加以分离。其流程是：

① 富气经吸收－解吸－再吸收以脱除富气中所含的干气，吸收是以粗汽油作为吸收剂，再吸收是以轻柴油作吸收剂，解吸是通过加热将干气进一步分离。

② 粗汽油吸收了液化气组分进入稳定塔，在一定温度和压力下进行稳定精馏，塔顶为液化气，塔底为合格的稳定汽油。再吸收用的轻柴油吸收了干气中的汽油组分之后返回分馏塔。

多年来，为了扩大催化裂化原料来源，提高轻质油产量，国内外都重点开发了重油催化裂化工艺，也即改变裂化原料，由单纯以减压蜡油和焦化馏分油为原料的蜡油催化，改为掺炼一定比例的减压渣油的重油催化。减压渣油是原油中最重的组分，含有大量胶质、沥青质，残碳值高。原油中的硫、氮、重金属等杂质大部分集中在重油之中，对催化裂化反应会产生严重影响。为此，需在生产上采取各项技术措施，包括选用抗金属污染性能好、氢、焦和气体产率低且再生性能好的沸石催化剂；强化反应器进料的雾化和采用高温短接触时间的反应过程；采用烧焦罐式再生器强化再生过程；采用小回炼比出一部分澄清油的操作方式；采用内、外取热器；采用含锑金属钝化剂等。采用内、外取热器对于加工重质原料十分必要，因为重质原料裂化反应时生焦量大，使再生器烧焦量增加，其热量超过两器热平衡需要，所以必须及时取走过剩热量，内取热器是在再生器内部装取热器，将高温催化剂与水换热产生水蒸气带走热量，外取热器也是同样道理，只是把取热器装于再生器之外，便于维修。

(4)我国还在催化裂化工艺的基础上，自主开发了多产气体的烃类催化裂解工艺，其原料范围包括轻烃、馏分油和重油等，下面对其进行简要的介绍。

① 催化裂解工艺(DCC 工艺)。该工艺是由中国石化石油化工科学研究院开发的，以重质油为原料，使用固体酸择形分子筛催化剂，在较缓和的反应条件下进行裂解反应，生产低碳烯烃或异构烯烃和高辛烷值汽油的工艺技术。该工艺借鉴流化催化裂化技术，采用催化剂的流化、连续反应和再生技术，已经实现了工业化。

DCC 工艺具有两种操作方式——DCC－Ⅰ和DCC－Ⅱ。DCC－Ⅰ选用较为苛刻的操作条件，在提升管加密相流化床反应器内进行反应，最大量生产以丙烯为主的气体烯烃；DCC－Ⅱ选用较缓和的操作条件，在提升管反应器内进行反应，最大量地生产丙烯、异丁烯和异戊烯等小分子烯烃，并同时兼产高辛烷值优质汽油。

② 催化热裂解工艺(CPP 工艺)。该工艺是由中国石化石油化工科学研究院开发的制取乙烯和丙烯的专利

技术，在传统的催化裂化技术的基础上，以蜡油、蜡油掺渣油或常压渣油等重油为原料，采用提升管反应器和专门研制的催化剂以及催化剂流化输送的连续反应–再生循环操作方式，在比蒸汽裂解缓和的操作条件下生产乙烯和丙烯。CPP 工艺是在催化裂解 DCC 工艺的基础上开发的，其关键技术是通过对工艺和催化剂的进一步改进，使其原目的产品由丙烯转变为乙烯和丙烯。

③ 重油直接裂解制乙烯工艺(HCC 工艺)。该工艺是由中国石化洛阳石化工程公司炼制研究所开发的，以重油直接裂解制乙烯并兼产丙烯、丁烯和轻芳烃的催化裂解工艺。它借鉴成熟的重油催化裂化工艺，采用流态化“反应–再生”技术，利用提升管反应器或下行式反应器来实现高温短接触的工艺要求。

④ 其他多产气体的催化裂解和催化裂化工艺。如催化–蒸汽热裂解工艺(反应温度一般都很高，在800℃左右)、THR 工艺(日本东洋工程公司开发的重质油催化转化和催化裂解工艺)、快速裂解技术(斯道韦伯公司和雪弗龙公司联合开发的一套催化裂解制烯烃工艺)等。

降烯烃并且多产气技术：近年来，各炼油企业都希望催化裂化装置具有灵活性，对产品方案及产品质量的要求均为多产丙烯及汽油降烯烃。中国石化石油化工科学研究院开发的 MIP–CGP 工艺和中国石化洛阳石化工程公司的 FDFCC 工艺，均可按多产气方案操作。

MIP–CGP 工艺技术采用由串联提升管构成的新型

反应系统，主要是将反应分为两个反应区，第一反应区以一次裂化为主，采用较高的反应强度裂解重油原料；第二反应区采用较低的反应温度和较长的反应时间，主要进行氢转移和异构化反应。通过在不同的反应区内设计与烃类反应相适应的工艺条件，并充分发挥专用催化剂的功能，达到生产低烯烃汽油组分、多产丙烯的目的。

MIP 工艺技术特点如下：

(a)采用串联提升管反应器，串联提升管反应器分为两个反应区：第一反应区以一次裂化反应为主，采用较高的反应强度，经较短的停留时间后进入扩径的第二反应区下部，第二反应区通过扩径补充待生剂(或注入冷却介质)等措施，降低油气和催化剂的流速、降低该区的反应温度、满足低重时空速要求，以增加氢转移和异构化反应，适度控制二次裂化反应，在二次裂化反应和氢转移反应的双重作用下，汽油中的烯烃含量大幅度下降，而辛烷值不降或略有增加。

(b)第一反应区出口温度为 500 ~ 530℃，第二反应区出口温度为 490 ~ 520℃。

(c)第一反应区油气停留时间控制为 1.2 ~ 1.4 秒，第二反应区的重时空速(*WHSV*)为 15 ~ 40/小时(油气停留时间控制为约 5 秒)。

(d)第一反应区剂油比在 6 ~ 8(质量比)左右，反应所接触的再生剂温度为 690℃。

FDFCC 工艺技术采用由并联提升管构成的两个反

应系统，重油提升管采用较高的反应强度裂解重油原料；汽油提升管对高烯烃汽油进行裂化，生产低烯烃汽油组分和多产丙烯。

FDFCC 工艺技术特点如下：

(1) FDFCC 工艺技术采用的双提升管工艺技术充分利用了重油催化裂化的焦炭燃烧热，在不同的反应区对劣质汽油进行高选择性催化改质，工艺流程可行，操作平稳灵活。

(2) FDFCC 汽油改质提升管反应器对催化汽油的改质效果十分显著。在双提升管－单分馏塔的 FDFCC 工艺流程中，在优化的操作条件下，汽油烯烃含量可降低至 35%（体积分数）以下，若采用外供粗汽油改质方案，则可对两套催化裂化装置的汽油进行改质，生产满足国内新标准的清洁汽油效果更好。

(3) 采用双提升管－双分馏塔的 FDFCC 工艺流程，催化汽油烯烃含量可降低至 16%（体积分数）以下，且硫含量可降低 15% ～30%，研究法和马达法辛烷值也分别提高 1～2 个单位。

(4) FDFCC 工艺是汽油改质和增产丙烯技术。若要在催化裂化装置直接生产烯烃含量较低 18%（体积分数）的清洁汽油，应采用双提升管－双分馏塔的 FDFCC 工艺流程。

(5) FDFCC 工艺技术在大幅度降低催化汽油烯烃含量的同时，可显著改善催化裂化装置的产品结构，提高丙烯产率，为炼油企业带来十分可观的经济效益和社会效益。

根据最新制定的《石油炼制工业污染物排放标准》(征求意见稿)，对新建 FCC 装置再生烟气的污染物拟提出更高的要求：规定烟气 SO_2 排放标准为 400 毫克/立方米，对于敏感地区，降为 200 毫克/立方米，总硫排放标准为 400 微克/克。催化裂化装置再生烟气 NO_x 标准限值，从 300 毫克/立方米降到 200 毫克/立方米，敏感地区为 100 毫克/立方米。建设催化烟气脱硫和脱硝设施是必要的：根据企业经验，烟气都超过国家环保要求(详见表 3－1)。

表 3－1　催化原料硫含量与烟气二氧化硫对应关系

原料硫%(质量)	焦碳含硫%(质量)	烟气 SO_x 的量微克/克
0.08	0.29	240
0.10	0.27	195
0.11	0.32	230
0.21	0.49	470
0.40	1.00	850
0.70	1.60	1000
0.85	1.90	1550
1.00	2.00	1850
3.10	4.00	3400

我国现有催化裂化装置规模一般为年处理原料油 100 万～300 万吨，国外催化裂化装置规模在 500 万吨/年左右的较多，最大的装置规模为 650 万吨/年，分别在美国和印度。催化裂化装置工艺流程示意如图 3－6 所示。

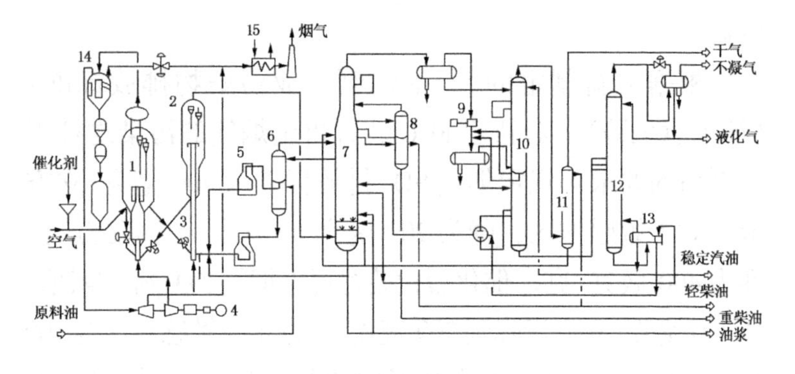

图3-6　催化裂化装置工艺流程示意图

1—再生器；2—沉降器；3—提升管反应器；4—主风机、烟气轮机组；5—加热炉
6—回炼油罐；7—分馏塔；8—汽提塔；9—气压机；10—吸收解析塔；11—再吸收塔；
12—稳定塔；13—重沸器；14—三级旋风分离器；15—废热锅炉

2. 加氢裂化与加氢处理

从烃类组成上可以看出，“烃”是碳和氢的化合物，轻烃类和重烃类氢碳比不同，从大分子裂化成小分子也是氢碳比调整的过程。所以，炼油界发展了两大工艺技术路线，一是脱碳工艺如热裂化、催化裂化、延迟焦化等，利用热能将重质组分沥青质、胶质和稠环芳烃进一步裂化，一部分缩合成焦炭，一部分获得氢成为轻组分小分子油品。再者，在氢气存在下进行催化加氢裂化反应。所以，脱碳和加氢都可以调整氢碳比使油品获得裂化的条件。加氢裂化工艺就是使重质油轻质化的又一种方法。加氢裂化与催化裂化的不同之处，一是采用的催化剂体系不同，催化裂化采用硅铝体系（$SiO_2-Al_2O_3$）的酸性催化剂；加氢裂化采用的是具有裂化和加氢两种作用的双功能催化剂，裂化活性由无定形硅铝或沸石载体提供，加氢功能由结合在载体上的金属（W、Mo、Ni）提供。在裂化过程中加氢裂化是临氢状态下完成，催化裂化是在非临氢状态下完成。催化裂化是在裂化过程中减少碳（游离出来生成焦炭和油浆），而加氢裂化则是在较高压力下，烃类分子与氢气在催化剂表面进行裂解和加氢反应生成较小分子的转化过程，同时也发生加氢脱硫、脱氮和不饱和烃的加氢反应。因此，这两种裂化可以说是异曲同工，采取不同工艺方法达到同一目的，所以炼油厂的二次加工往往是催化裂化与加氢裂化相辅相成、同时采用。加氢裂化不仅防止焦炭的产生，还可以将原料油中的氧、氮、硫等杂质转化为水、氨、硫化氢，易于脱除。加氢裂化工艺的特点主要是：

（1）可以加工更重的原料油和含硫、含氮等劣质原料油；

（2）产品质量好，基本上不含氧、氮、硫，不需再进行精制，产品收率也高。特别适合于生产航空煤油。

但加氢裂化的难点是：

（1）投资大，需采用大型高压反应器、高压换热器以及高压机泵等昂贵设备。

（2）耗氢量大，除了从催化重整可得到一部分副产廉价氢气外，一般炼厂加氢手段多时，氢气不足，还需要配备制氢装置。制氢是靠烃类原料半氧化制成合成气，再通过蒸汽变换，精制处理得到产品，制氢过程中氢气收率较低，大量原料被烧掉，成本代价很高。所用原料一般是炼厂干气、天然气或石脑油等。目前，煤代油经济效益很好，采用煤制氢很盛行。

因此，在炼油厂加工流程选择上，如果能够满足产品质量要求和当地环保要求，一般不上加氢裂化装置，国内炼油厂的二次加工工艺大都优先考虑催化裂化装置，只有当裂化原料不适合进行催化裂化加工的，例如馏分过重或含重金属、含硫较高的重质油(如胜利油田孤岛含硫原油以及辽河油田及海上油田所产稠油等)，或对产品有特殊要求，如要求生产航空煤油、生产石脑油与化工原料尾油，或调整柴汽比增产柴油时才选用加氢裂化工艺。

加氢裂化反应在高温高压环境下进行，随原料性质及产品方案不同，反应条件及氢气耗用量有较大差异。一般以减压馏分油为原料，反应温度精制段380℃左右，裂化段400℃左右；反应压力约16～18兆帕；耗氢量为进料量的2%～3%。可产汽油30%、航空煤油35%、轻柴油20%、液化石油气3%、加氢尾油3%。

加氢裂化装置有多种类型，我国大都采用固定床加氢裂化。其工艺流程大体是：裂化原料油经高压油泵升压并与氢气混合后进加热炉加热至400℃上下，进入第一加氢反应器进行加氢精制反应，原料油通过催化剂床层进行脱硫、脱氮、脱重金属等杂质，然后进入第二加氢反应器进行加氢裂化反应，所得加氢生成油经高压分离器分离出氢气，通过循环氢压缩机循环使用；生成油则进入低压分离器分离出燃料气后，进入稳定塔和蒸馏塔，生产出汽油(石脑油)、航空煤油、轻柴油、液化石油气等。加氢裂化所用催化剂种类很多，一般为以硅酸铝作载体的镍、钨、钴、钼等非贵金属催化剂，为增加活性，并使抗氮性能好，可加入10%左右分子筛。催化剂要先进行预硫化，在含硫化氢的氢气气流中把镍、钨等金属氧化物转化为硫化物以增加催化剂的活性。催化剂一次装入固定床反应器内，寿命可达一年以上，完全失去活性时加以更换。

加氢裂化反应器为装置的关键设备，要求耐高温高压和氢腐蚀，其筒体在结构上分为冷壁与热壁两种类型。冷壁结构是指筒体内侧设隔热层，以降低筒壁的受热温度；热壁结构内侧不设隔热层，要求筒壁能承受高温(400℃以上)。

我国加氢裂化装置规模一般为年处理原料油80万~150万吨，最大的装置规模为200万吨/年，另有350万~400万吨/年的加氢裂化装置正在设计中。工艺流程示意如图3-7所示。

世界上优质低硫原油资源在不断减少，劣质含硫原油资源不断增加，含硫原油加工的数量也随之增多，而这些原油所含有的硫和重金属等杂质大部分存在于重馏分当中，这些重质馏分进行下游加工极为困难，进而出现原料处理工艺。对于减压瓦斯油和二次加工蜡油处理，出现中压蜡油加氢处理装置；对于重油进行脱金属、脱硫、脱氮、脱残炭的处理，出现渣油加氢处理装置(RDS)，处理相当于常压重油馏分的装置称之为ARDS装置；处理相当于减压渣油馏分的装置称之为

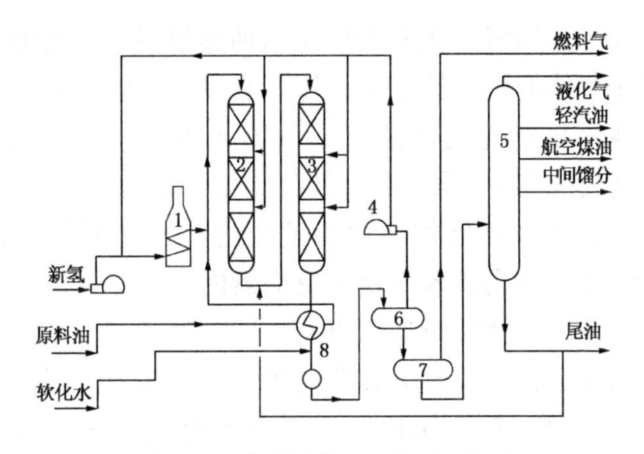

图 3－7　加氢裂化工艺流程示意图

1—加热炉；2—第一加氢反应器；3—第二加氢反应器；4—循环氢压缩机；
5—分馏塔；6—高压分离器；7—低压分离器；8—高压换热器

VRDS 装置。一般来说，ARDS 装置是生产催化原料时所使用的原料预处理装置；VRDS 装置是以生产低硫燃料油为目的的原料处理装置。常压渣油或减压渣油调和部分蜡油需要经过 15～17 兆帕加氢脱硫和浅度转化，可获得少量石脑油和柴油，其尾油是优良的催化裂化原料。

渣油加氢脱硫处理的过程依次是：(1)脱金属；(2)脱硫脱氮；(3)脱残炭浅度加氢转化。

例如：某套 ARDS 装置，其原料是进口高硫原油的重油，相对密度为 0.9875，含硫 3.1%，含氮 0.2%，残炭 12.9%，含重金属镍 26.8×10^{-6}，钒 83.8×10^{-6}；加氢的反应温度 385～404℃，压力 15～16 兆帕，耗氢(纯)量约 1.6%，采用支撑保护、脱金属、脱硫、脱氮等 4 项功能的催化剂；经过加氢处理后，脱硫率可达

92.6%，脱氮率60.7%，镍和钒的脱除率达91.9%，残炭脱除率71.2%，且黏度大大降低，十分有利于二次加工装置进一步加工。

加氢处理工艺流程示意如图3－8所示。

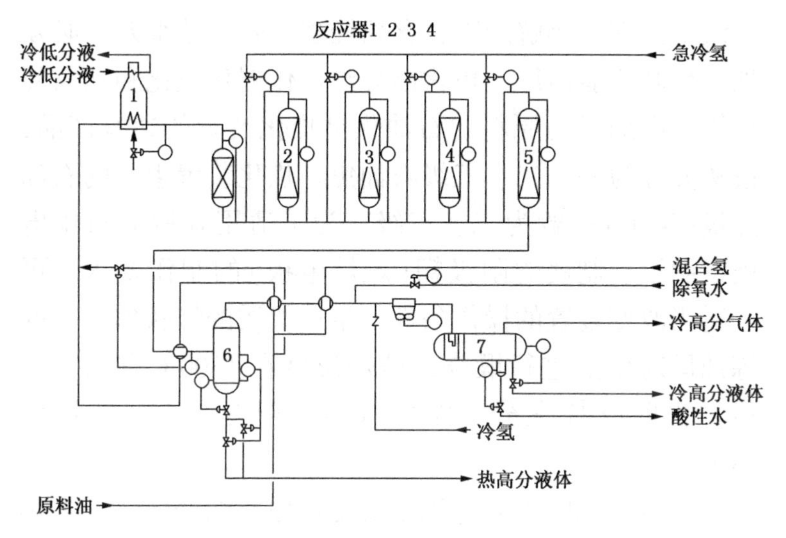

图3－8　渣油加氢处理部分工艺流程示意图

1—加热炉；2—第一加氢反应器；3—第二加氢反应器；4—第三加氢反应器；5—第四加氢反应器；6—高压分离器；7—低压分离器

3．延迟焦化

延迟焦化工艺是用来加工减压渣油的一类最重的油料热加工工艺。其特点是在加热炉中加热，延迟到焦炭塔里去焦化，所以称之为延迟焦化。过去是用单独釜，在釜中加热并就地焦化和清焦，只能一釜一釜地间断进行和手工作业，而延迟焦化则可以大规模连续生产。延迟焦化的原料来源很广泛，有直馏的减压渣油，也有二次加工的各种尾油。原料油在焦化过程中，既有裂化也有缩合，焦化产品及收率随原料不同而变化，原料中残炭高，生焦量就大，一般为：汽油12%、柴油30%、焦化馏分油25%、石油焦23%、气体7%上下。因焦化汽柴油都是热解产物，含烯烃多，安定性很差，必须加工精制才能出厂。焦化馏分油可作催化裂化和加氢裂化等二次加工的原料。石油焦是焦化装置的独有产品，按灰分分为一、二、三级石油焦。焦化装置生产的石油焦炭(生焦)一般为二、三级。为了适用炼钢的石墨电极或制铝、制镁的阳极糊(融熔电极)的制作要求，可以适当改变装置的操作条件，生产优质的针状焦。有的炼油厂对生焦进行锻烧，煅烧温度在1300℃左右，以尽量去除其挥发分，提高石墨化程度，达到一级焦标准。

延迟焦化的工艺流程主要是：原料油经换热及加热炉的对流段升温到350℃左右，进入焦化分馏塔下部与来自焦炭塔顶的焦化油气接触换热，经过换热的原料油进入加热炉，快速升温到500℃，同时向炉管注入约为原料油量2%的水，以防止炉管结焦，然后经四通阀进入焦炭塔。焦化反应生成的油气从塔顶引出后，去焦化分馏塔分馏出汽、柴油等油品，反应生成的焦炭从下向上逐渐结焦。装置内有2~4个焦炭塔轮换操作，切换周期为48小时，其中生焦24小时，除焦等作业24小时。从焦炭塔除焦采用水力除焦法，用10~30兆帕高压水通过水龙带从一个可以升降的水力切焦器沿塔壁喷出，自下而上将焦炭切碎，与水一起落入焦池内，密闭输送运出装置。焦化装置的水力除焦设施有两种形式，一种是有井架水力除焦(见图3－9)，另一种是无井架水力除焦，前者比较普遍。

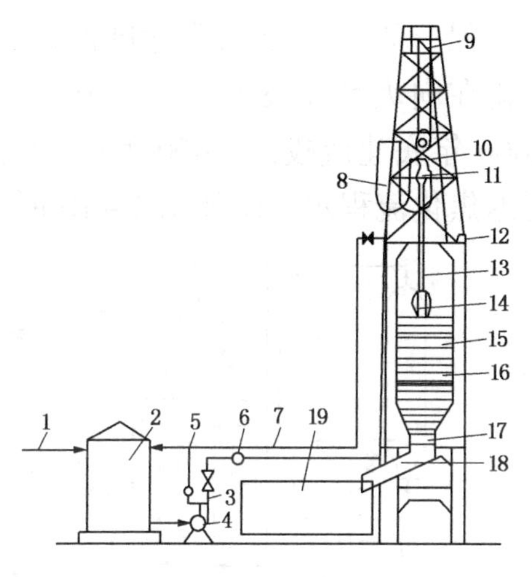

图3－9　有井架水力除焦设施示意图

1—进水管；2—高位储水罐；3—泵出口管；4—高压水泵；5—压力表；6—水流量表；7—回水管；8—水龙带；9—天车；10—水龙头；11—风动马达；12—绞车；13—钻杆；14—水力切焦器；15—焦炭塔；16—焦炭；17—保护筒；18—溜槽；19—储焦场

生产优质针状焦时，在工艺上的不同点是，采用变温操作、加大循环比和适当延长换塔周期。变温操作是指进入焦炭塔的油温分成降温－升温－恒温三个阶段，以保证焦炭塔内的反应是在液相中进行，有利于焦炭的形成与成长。变温一般在460～510℃范围之内。所生成的针状焦外观为银灰色有金属光泽的多孔块状体，略呈椭圆形，有润滑感，断面有针状的纹理，是做石墨电极的良好原料。

我国延迟焦化装置规模，老企业一般为年处理原料油 40 万 ~100 万吨，现在在国家石油和化工产业结构调整指导意见中，已经明确 100 万吨/年以下为不符合国家安全、环保、质量、能耗等标准的成品油生产装置。延迟焦化在向大型化发展，两套 160 万吨/年的大型装置于 2004 年底建成投产，400 万吨/年装置正在设计之中。延迟焦化流程示意图如图 3－10 所示。

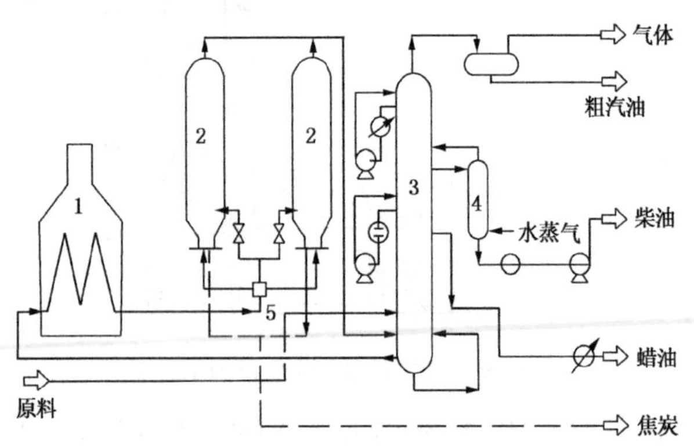

图 3－10　延迟焦化工艺流程示意图

1—加热炉；2—焦炭塔；3—分馏塔；4—汽提塔；5—四通阀

4. 减黏裂化

减黏裂化是一种成熟的不生成焦炭的热加工技术，生产目的是将高黏度重质油料经过轻度热裂化得到低黏度、低凝固点的燃料油。因为此项技术比较成熟，工艺简单，投资不多，是利用渣油生产燃料油的一个可行办法。

减黏裂化的原料主要是减压渣油。国内一般是浅度减黏，以降低燃料油的黏度为目的，产品主要是减黏渣油(燃料油)82%、不稳定汽油5%，柴油10%。减黏效果是显著的，例如黏度为5800平方毫米/秒的减压渣油通过减黏处理，其黏度可降到650平方毫米/秒。减黏柴油一般调入燃料油内，不作为产品。

目前，减黏裂化装置主要集中在美国和西欧。减黏裂化已经不只是以改变黏度生产燃料油为目的，已发展为重油轻度转化或原料预处理装置，成为重油深加工组合装置之一。我国的减黏裂化装置比较少，工艺简单。近年来，随着重油和劣质油加工比例逐渐增大，出现了传统热减黏裂化工艺的改进、催化减黏裂化、临氢减黏裂化工艺、减黏组合工艺的研究，减黏裂化原料中加入添加剂、供氢剂等减黏技术也在开发之中。我国在吸收国外技术的基础上也发展了自己的工艺类型。随着原油不断变重变劣，减黏裂化工艺装置将成为重质原料加工的辅助手段，是解决燃料油生产和储运的有效途径，在炼油工业中逐渐被重视。

常规减黏裂化流程比较简单，原料油经加热炉加热到450℃，经过急冷后进入闪蒸塔，分离出减黏燃料油，油气再进入分馏塔进一步分离出气体、汽油、柴油、蜡油和循环油。其工艺流程示意图如图3-11所示。

5. 催化重整

催化重整工艺是用来生产高辛烷值汽油或苯、甲苯、二甲苯等苯类产品的生产装置，同时可以获得大量

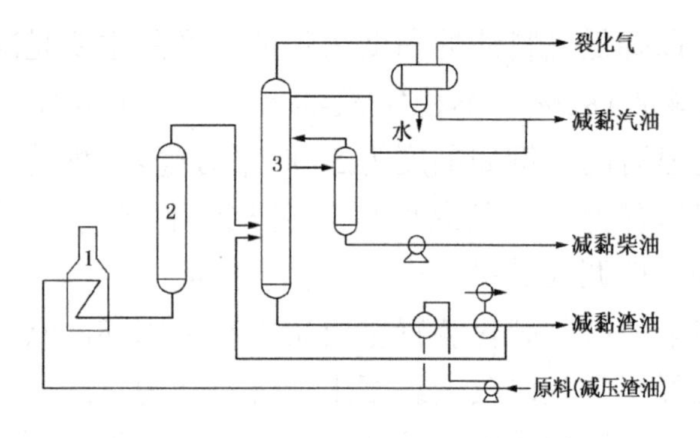

图3－11　减黏裂化工艺流程示意图

1—加热炉；2—反应塔；3—分馏塔

的、纯度较高的廉价氢气供给加氢裂化和加氢精制等装置使用。因此，催化重整工艺在二次加工中的地位非常重要。

“重整”的意思是对分子结构进行重新整理，因为异构烷烃比同样碳原子数的正构烷烃的辛烷值高很多，而芳香烃的辛烷值更高。催化重整工艺就是在催化剂存在条件下，将正构烷烃和环烷烃进行芳构化、异构化和脱氢反应，转化为芳香烃和异构烷烃，得到高辛烷值汽油和芳烃类产品。所以，催化重整是石脑油加工装置，虽然也是二次加工装置，但其作用完全不同于催化裂化和加氢裂化，不是把重油轻质化或大分子裂解成较小的分子，而仅仅是把烃分子的结构重新加以整理改变。石脑油组分中(即直馏石脑油与某些二次加工石脑油)主要是正构烷烃和环烷烃，所以辛烷值低不能直接出厂，需要采用催化重整工艺进行芳构化加工。芳烃是有机化工的重要原料，包括单环芳烃、多环芳烃及稠环芳烃。

由于重整后的汽油组分富含芳烃(含苯环结构的碳氢化合物的总称),而成为重要的石油化工原料,催化重整也成为重要的化工原料生产装置。将催化重整与甲苯歧化、异构化联合起来建设芳烃生产的联合装置,可提供化纤聚酯原料对二甲苯(PX)。

催化重整生产装置大体上由原料油预处理、重整反应、芳烃抽提等三个部分组成:

(1)原料油预处理。原料油预处理的目的是为了进一步分馏以得到适于重整的馏分,更主要的是为了保护催化剂不致被原料油所含杂质中毒。催化重整所用催化剂分为单金属、双金属和多金属三种类型,但都是以贵金属铂(白金)为主体,即单金属铂,双金属铂铼、铂铱、铂锡等,多金属则为铂与其他几种金属组成。铂系列催化剂活性很高,但容易被污染中毒。这些有毒物质按其对催化剂中毒的严重程度,其顺序为:砷、铅、铜、铁、钒、镍、汞、钠等金属和硫、氮、氧、烯烃等非金属毒物。因此,催化重整工艺的第一步就要进行原料油的预处理,包括原料油预分馏和预加氢,预分馏是将来自常减压的直馏汽油馏分进一步分馏作为重整原料;对于以生产苯类产品为主的重整装置其原料取60~130℃馏分,对于以生产高辛烷值汽油组分为目的的重整装置,也称宽馏分重整,取60~180℃馏分。预加氢的目的是要除去原料油中会使催化剂中毒的物质,如砷、铜、铅、硫、氮等,并使可能存在的少量烯烃饱和成烷烃。预加氢所用催化剂为钼钴镍催化剂。如果原料油含砷过高(例如大于10^{-17})时，则还需在预分馏之前，用脱砷剂吸附的方法进行预脱砷。经过预处理之后的原料油才能作为重整反应的进料。

(2)催化重整反应部分。催化重整反应工艺主要有两种类型：一是固定床半再生重整，二是移动床连续重整，后者是20世纪60年代末开发的工艺技术。固定床半再生重整催化剂放置在各反应器内的床层上，再生时要停止生产，才能进行再生，因此装置属于间歇式反应。之所以称为“半再生”，是区别于第二次世界大战期间发展起来的临氢重整。当时用的是钼、铝催化剂，易结焦失活，要频繁再生。以后出现了具有较高活性的贵金属铂催化剂，可连续生产一年以上不需再生，但再生时仍要停工，因此称为半再生。而连续重整则完全不同，连续重整的催化剂是移动的，连续在反应器和再生器之间循环流动，不断地进行反应与再生，从而使操作压力降低，产率提高，运转周期长。现分别将两种类型的生产流程简述如下：

① 半再生催化重整。将预处理合格的原料油与循环氢混合加热到500℃，进入第一反应器进行重整反应，由于芳构化等反应为吸热反应，所以在第二、三(或四个)反应器前均要设加热炉加热。从最后一个反应器出来的重整生成油换热后进入后加氢反应器，使重整生成油中的少量烯烃加氢饱和，再送入高压分离器进行油气分离，分出的氢气经循环氢压缩机送回反应系统循环使用。高压分离器出来的重整生成油含有少量不凝

气和液化气(碳一至碳四)及硫化氢，进入稳定塔，塔顶分出气体，塔底得到合格的重整产品。如果要生产苯类产品，则稳定塔顶将戊烷(碳五馏分)一并蒸出，塔底取得碳六以上的脱戊烷油，作为芳烃抽提进料油。采用低铂含量的双金属催化剂重整反应操作条件大致为：

反应器入口温度：480～495℃

反应压力：1.2～1.6兆帕

芳烃产率：49%～55%

氢气产率：2.4%～2.6%

如以大庆原油的直馏汽油为原料，双金属半再生重整的芳烃收率为54.9%，其中苯6.8%，甲苯21.9%，二甲苯19.8%，重芳烃6.4%，氢气(纯)2.4%，循环氢纯度85%。

20世纪90年代，半再生重整技术又有了新的发展，在成功开发了新型低铂含量的铂铼双金属催化剂的同时，采取了分段装填工艺。常规的工艺是几个重整反应器装入的是同样的催化剂，而分段装填工艺则是在几个反应器中分别装入不同性能的催化剂，前边的反应器装入常规重整催化剂，后边的反应器装入的则是新开发的富铼催化剂，因为两种催化剂性能各有特点，前者抗硫等杂质能力强，后者生焦速率慢，活性稳定性好。国内已有十余套装置采用了两段装填工艺，与原来的常规工艺比较，重整生成油辛烷值提高1个单位以上，收率提高1%～1.5%，催化剂使用周期延长50%以上，效果十分显著。

② 连续重整。连续重整与半再生重整的工艺基本类似，主要是催化剂再生方式不同，设备及布局则有很大不同。因为连续重整的催化剂是在反应器和再生器之间循环流动，连续进行反应和再生过程。因此，美国环球油品公司(UOP)连续重整的三个或四个反应器竖向叠罗汉似地排列在一个轴线上，便于催化剂靠重力自上而下移动，并且在装置内有一套连续再生系统，从最下面的一个反应器出来的催化剂用氮气把它提升到再生器顶，除去粉尘后进入再生器；催化剂在再生器内经烧焦、氯化、干燥三个区，用氢气提升到反应器顶并还原后进入第一反应器，从而完成一个循环。另一种连续重整技术是法国石油研究院(IFP)开发的，工艺原理与上述类似，只是把数个反应器并列，各反应器下部都有料斗和提升器，催化剂靠气体输送依次通过各反应器。从最后一个反应器出来的催化剂提升到再生器顶部，定期通过阀门开关分批进入再生器。在再生器内的催化剂，经过烧焦、氯化和焙烧等工序进行再生，再生后催化剂自流至下部料斗，用氢还原，然后再提升到第一反应器，如此循环。连续重整催化剂因始终处于流动状态，催化剂要求具有较高的强度。由于连续反应和再生，催化剂始终保持新鲜催化剂的高活性，因此，初期一般反应压力为0.7~0.8兆帕。现在反应压力得到进一步降低，为0.35兆帕。

我国以前建设的催化重整装置大都是半再生重整，规模为40万吨/年以下。由于要求汽油辛烷值不断提高和芳烃需求量的增长，重整装置的建设规模不断加大，苛刻度不断提高。因此，选用连续重整比较有利。工艺选择的基本原则：规模为60万吨/年以下，一般推荐选择半再生重整技术；60万吨/年以上，一般推荐选择连续再生重整技术。

20世纪80年代以来，国内引进了数套美国环球油品公司及法国石油研究院的连续重整技术，90年代后期，由我国自己设计并使用自行研制催化剂的连续重整装置付诸实施。半再生重整工艺也开发了组合床技术。我国连续重整规模大都为80万~105万吨/年，国外的连续重整装置最大规模为325万吨/年。半再生重整和连续重整流程示意图如图3-12~图3-14。

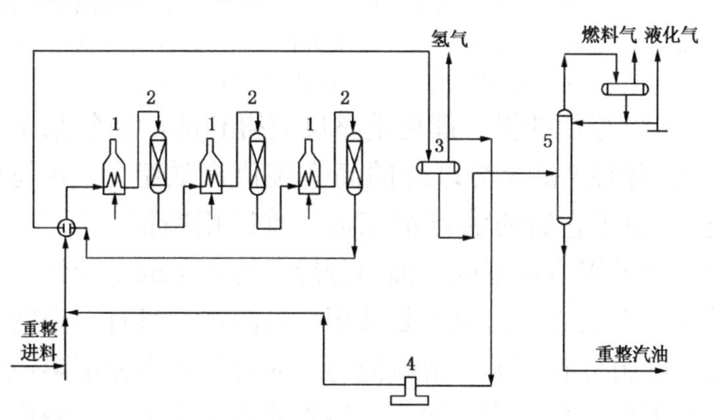

图3-12　固定床半再生重整工艺流程示意图

1—加热炉；2—重整反应器；3—油气分离器；4—循环氢压缩机；5—稳定塔

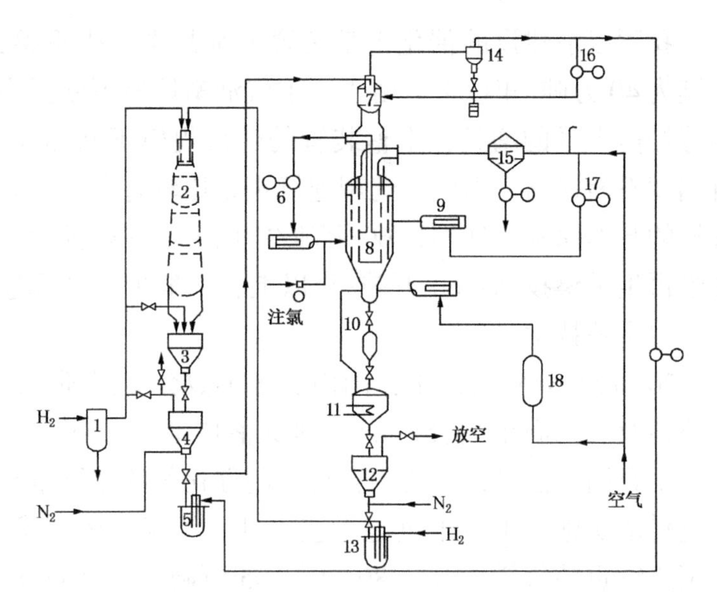

图 3-13　美国环球油品公司连续重整再生流程示意图

1—分液器；2—反应器；3—催化剂收集料斗；4—1 号闭锁料斗；5—1 号提升器；6—氯化鼓风机；7—分离料斗；8—再生器；9—电加热器；10—流量控制料斗；11—缓冲罐；12—2 号闭锁料斗；13—2 号提升器；14—过滤器；15—空气冷却器；16—除尘鼓风机；17—再生鼓风机；18—干燥器

(3)芳烃抽提。催化重整反应得到的产品包括苯类产品(芳烃)和苯类以外的高辛烷值汽油组分(其他烃类)，由于它们的沸点很相近，难以用精馏方法分离。故一般采用溶剂萃取来抽提芳烃，溶剂萃取是芳烃分离的重要方法之一，也就是选用一种溶剂，只对混合物中某一种组分有很大的溶解能力，而对其他组分不溶或溶解力很低，并且溶解物与不溶物能形成两个不同密度的液相，便于分离。常用的溶剂有：二乙二醇醚、三乙二醇醚、二甲基亚砜和环丁砜等。

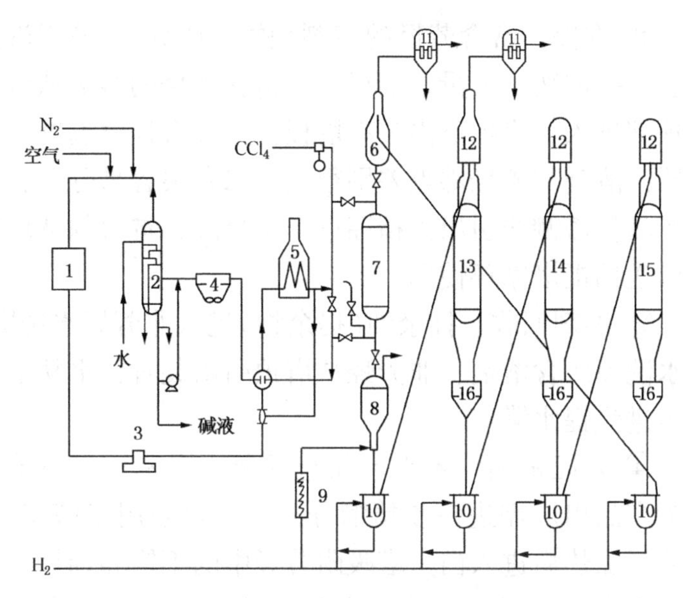

图 3－14　法国石油研究院连续重整再生流程示意图

1—干燥器；2—碱洗罐；3—压缩机；4—空冷器；5—加热炉；6—上部缓冲料斗；7—再生器；8—下部缓冲料斗；9—电加热器；10—提升器；11—过滤器；12—上部料斗；13—第一反应器；14—第二反应器；15—第三反应器；16—下部料斗

芳烃抽提工艺过程分为四个部分：

① 抽提，经过提脱戊烷后的重整生成油从抽提塔中部进入，与从塔顶喷淋的贫溶剂充分接触，塔内装有多层筛板塔板，利用溶剂密度大于生成油的特点，在塔内形成逆向抽提。富含芳烃的溶剂(称提取物)自塔底流出去汽提塔，非芳烃(称提余物，也称抽余油)从塔顶排出后去非芳烃水洗塔，用水洗去其中夹带的少量溶剂。塔内温度 120～150℃，压力 0.8 兆帕，溶剂比 12～17。

② 汽提，富含芳烃的溶剂(称提取物)，采用汽提方法将提取物中大量溶剂提走。富含芳烃的溶剂从汽提塔顶部进入，汽提塔内装有塔板，下部有提供温度的再沸器，溶剂与芳烃沸点差别很大，二者很容易分开，芳烃产品从塔侧线引出去精馏进一步分离，贫溶剂从塔底流出送抽提塔循环使用。

③ 溶剂回收。抽余油(提余物)进入非芳烃水洗塔，用水洗掉所含溶剂，非芳烃从塔顶引出装置，水从塔底流出进汽提水罐。

④ 芳烃精馏。苯类产品包括苯、甲苯、二甲苯等作为产品出厂需进一步精馏分开，一般采用三塔流程，将芳烃加热后进入白土塔吸附芳烃中的不饱和烯烃，从白土塔底出来的芳烃进入苯塔。苯塔底部用重沸器加热，从苯塔侧线得到合格苯产品。由苯塔底流出的物料，继续进甲苯塔和二甲苯塔，分别从各塔顶得到甲苯和二甲苯，重芳烃则由二甲苯塔底流出。芳烃抽提的工艺流程图如图 3－15。

6. 沥青生产装置

(1) 溶剂脱沥青装置。溶剂脱沥青是加工重质油的一种石油炼制工艺，其过程是以减压渣油等重质油为原料，利用丙烷、丁烷等烃类作为溶剂进行萃取，萃取物即脱沥青油可做重质润滑油原料或裂化原料，萃余物脱油沥青可做道路沥青或其他用途。

第一套润滑油丙烷脱沥青装置建立于 1934 年，萃取过程在混合器、沉降罐内完成。以后建立的装置则改

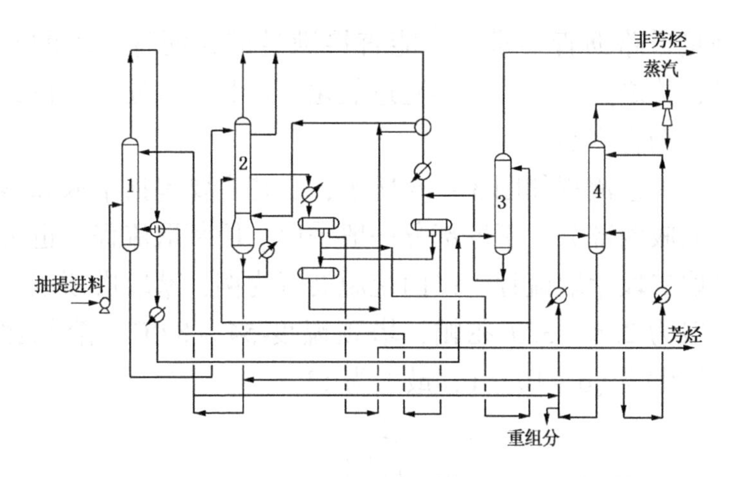

图 3－15　二乙二醇醚芳烃抽提工艺流程示意图

1—抽提塔；2—汽提塔；3—非芳烃水洗塔；4—溶剂再生塔

用逆流萃取操作。萃取塔以往采用填充塔，近年来则多采用转盘塔。中国的第一套丙烷脱沥青装置于 1958 年建成。

主要工艺过程：在减压蒸馏的条件下，石蜡基或中间基原油中的一些宝贵的高黏度润滑油组分，由于沸点很高不能汽化而残留在减压渣油中，工业上是利用它们与其他物质（胶质和沥青）在溶剂中的溶解度差别而进行分离的。常用的溶剂为丙烷、丁烷、戊烷、己烷或丙烷与丁烷的混合物。制取高黏度润滑油的基础油时，常用丙烷作溶剂。中国的丙烷脱沥青装置通常可生产两种脱沥青油，即残炭值较低的轻脱沥青油和残炭值较高的重脱沥青油，前者可作为润滑油料，后者作催化裂化原料。采用丁烷或戊烷作为溶剂的脱沥青过程，主要用于生产催化裂化原料，所得的脱油沥青软化点、延伸度应满足道路沥青要求。不能直接满足道路沥青要求的产品，称之为半沥青，再通过氧化、调和方法处理，得到合格沥青产品。

工艺流程如图3－16所示，工艺主要包括萃取和溶剂回收两部分。萃取部分一般采取一段萃取流程，也可采取二段萃取流程。以丙烷脱沥青为例，萃取塔顶压力一般为2.8～3.9兆帕，塔顶温度54～82℃，溶剂比(体积)为(6～10)∶1，最大为13∶1。

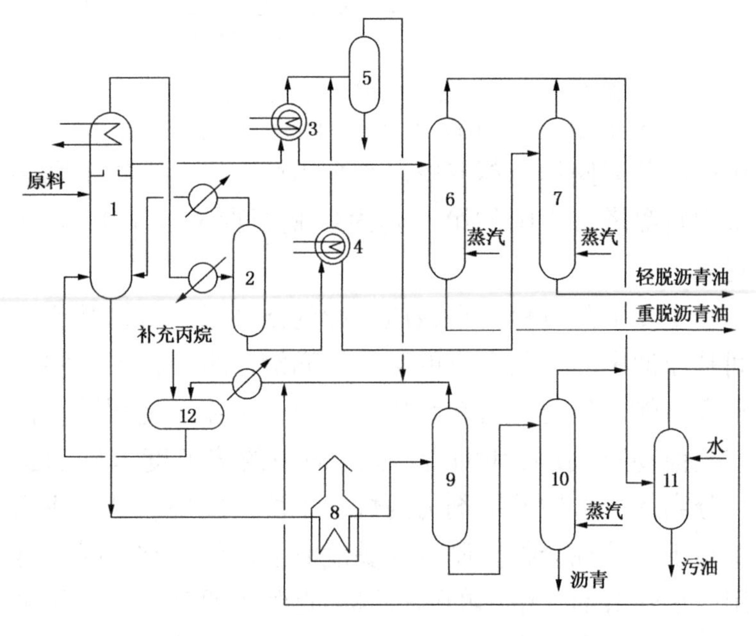

图3－16　丙烷脱沥青工艺流程示意图

1—萃取塔；2—临界塔；3、4—丙烷蒸发塔；5—泡沫分离塔；
6—重脱沥青油汽提塔；7—轻脱沥青油汽提塔；8—加热炉；9—沥青蒸发塔；
10—沥青汽提塔；11—混合冷凝器；12—丙烷储罐

溶剂回收部分：沥青与重脱沥青油溶液中含丙烷少，采用中压蒸发及低压汽提回收丙烷；轻脱沥青油溶液中含丙烷较多，采用多效蒸发及汽提，或临界回收及汽提回收丙烷，以减少能耗。

临界回收过程，是利用丙烷在接近临界温度和稍高于临界压力(丙烷的临界温度96.8℃、临界压力4.2兆帕)的条件下，对油的溶解度接近于最小以及其密度也接近于最小的性质，使轻脱沥青油与大部分丙烷在临界塔内沉降、分离，从而避免了大量丙烷采用蒸发回收，减少了蒸发和冷凝过程造成的能耗。

超临界回收，是利用溶剂在高于临界温度和压力下对油的溶解度最小和溶剂密度很小的性质，进行油和溶剂的分离。超临界状态下溶剂回收过程没有蒸发所需要的大量潜热，所以大大降低了能耗。新的溶剂脱沥青过程已经普遍采用了超临界回收工艺。

近年来，各国致力于提高萃取效果，如改进溶剂回收流程和操作条件，并开展超临界萃取的研究。

(2) 氧化沥青装置。石油沥青来自原油中最重的组分，是高度缩合的多环烃类混合物，常温下为无定形黑色固体，断面有亮光。大量用于铺公路路面、建筑材料、木材防腐、绝缘材料等。

氧化沥青的原料是原油蒸馏的减压渣油和减压渣油经溶剂脱沥青装置所得的半沥青。沥青氧化的目的是改变其组成，使软化点提高，针入度及温度敏感性减小。可以根据不同要求生产各种牌号的石油沥青。一般氧化沥青装置是为生产建筑沥青配置的，生产道路沥青特别是重负荷道路沥青，需要合适的原油，经减压深拔就可得到合格产品。如果靠减压深拔不能得到合格产品也可通过溶剂脱沥青生产道路沥青。氧化沥青装置仅是对软化点不合格的半沥青产品进行改质。早期的氧化设备是单独釜，现已发展为单塔或多塔串联的连续氧化沥青工艺。原料油经加热炉加热到260～280℃进入氧化塔，塔内鼓入压缩空气进行剧烈搅拌，进行氧化。所生产的氧化沥青进入成品罐，然后送往成型、包装，得到的产品主要是建筑沥青。生产道路沥青一般采用浅度氧化工艺，单塔连续操作，渣油进塔温度为190～210℃。随原料不同，生产的沥青标号不同，操作条件也不尽相同。

氧化沥青的尾气自氧化塔顶部进入尾气冷却器及气液分离器，分离出尾气中所携带的油分，然后送入焚烧炉，温度高于800℃，尾气穿过火焰区，将尾气中的有害物质全部烧掉和分解，排放到大气中，以防止污染环境有害健康。解决氧化沥青尾气对环境的污染，是一项十分重要的措施。

提高氧化沥青的反应温度，可以相对缩短氧化时间，但氧化温度过高，会促使大量生成大分子缩合物，如焦炭、其他苯不溶物等，影响产品质量；增加氧化风量，可以提高氧化反应的速度，但达到一定限度后，再增加基本不起作用；氧化时间过短，产品的软化点低，针入度大，达不到质量标准，但氧化时间过长，沥青变脆。因此要根据原料油性质严格控制好操作条件。产品包括：10 号建筑沥青、30 号建筑沥青(分甲、乙级)、100 号道路沥青、60 号道路沥青和用于高速公路及重交通道路上的重交沥青等。建筑沥青均为经过氧化制成，道路沥青则有的是渣油浅度氧化，有的是经溶剂脱出的沥青调和制成，而重交沥青质量要求较高，一般选用环烷基的原油来生产，例如国内胜利油田的单家寺、辽河油田的欢喜岭、渤海海上油田的绥中 36－1 等原油，进口沙特阿拉伯重质原油、科威特原油等，才能生产符合标准的重负荷道路沥青。氧化沥青工艺流程示意图如图 3－17 所示。

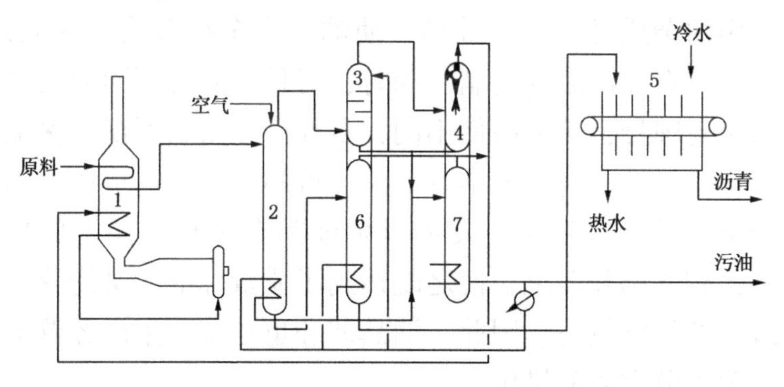

图 3－17　氧化沥青工艺流程示意图

1—焚烧加热炉；2—氧化塔；3—尾气冷却器；4—气液分离罐；5—链式成型机；6—沥青成品罐；7—循环油罐

第三节　石油产品与原料的精制与调和

石油经过一次加工和二次加工所得到的油品，还不能完全符合市场上的使用要求，因为在油品中还含有各种杂质，如含有硫、氮、氧等化合物、胶质以及稠环芳烃等极性物，某些影响使用的不饱和烃和芳烃。为满足商品要求，除需进行调和、添加添加剂外，往往还需要进一步精制，除去杂质，改善性能以满足实际要求。常见的杂质有含硫、氮、氧的化合物，以及混在油中的蜡和胶质等不理想成分。它们可使油品有臭味，色泽深，污染环境，腐蚀机械设备，不易保存。除去杂质常用的方法有酸碱精制、脱臭、加氢精制、溶剂精制、白土精制、脱蜡等。油品的质量标准并不像一般化学品追求其纯度级别，而是完全根据使用要求，对油品中含有影响使用的杂质必须加以处理，使油品完全符合质量标准，这就是石油产品的精制。同时，每种油品有不同的质量档次与牌号，价格高低不同，石油产品出厂不仅要保证符合质量标准，还要本着优质优价的原则，追求最高的经济效益，这就需要发挥每种油品在某种性能上的优势，相互调和匹配，使之既达到了质量标准，又能取得最大的经济效益。因此，油品调和也是炼厂生产经营上一项十分重要的措施。

随着原油资源的变化，劣质原料不断增加，许多原料在金属、硫、氮和残炭含量上已经不能满足常规二次加工装置的加工需要，也无法满足日益严格的环境保护需要，需要对此进行预处理，由此，产生了蜡油加氢和渣油加氢等原料精制装置。生产润滑油等重组分石油产品，也需要溶剂精制、溶剂脱蜡、后补充精制等精制处理装置。

关于石油产品和原料的精制工艺，这里着重介绍产品的加氢精制以及与加氢装置配套的制氢；对原料精制工艺主要介绍蜡油加氢和渣油加氢工艺装置；将脱硫醇、溶剂回收、污水汽提和硫磺回收放在辅助装置中介绍。过去炼油厂广泛采用的酸碱精制和电化学精制也是油品精制的方法之一，由于酸碱渣很难处理，污染严重，加上产品质量不高、设备腐蚀、耗电及耗酸量大等问题，炼油厂对酸碱精制及电化学精制装置已基本淘汰，为加氢精制工艺所取代，因此在这里只简单陈述不再详细介绍。

一、产品与原料精制概览

（1）酸精制是用硫酸处理油品，可除去某些含硫化合物、含氮化合物和胶质。碱精制是用烧碱水溶液处理油品，如汽油、柴油、润滑油，可除去含氧化合物和硫化物，并可除去酸精制时残留的硫酸。酸精制与碱精制常联合应用，故称酸碱精制，该工艺以前是常规工艺，因其对环境质量影响比较大，现在大型炼油企业已经淘汰，被加氢精制所取代；在小型炼油企业还有应用。碱洗技术也有一定发展，以前是无机碱洗，现在已经发展为污染程度较低的有机碱洗工艺。

（2）脱臭是针对含硫醇性硫高的汽油、煤油、柴油以及液化气，因含硫醇而产生恶臭，硫醇含量高时会引起油品生胶质，不易保存。可在催化剂存在下，先用碱液处理，再用空气氧化进行脱除。

（3）轻质燃料油品脱蜡：主要用于精制喷气燃料、

柴油等。油中含蜡，在低温下形成蜡的结晶，影响流动性能，并易于堵塞管道。脱蜡对航空用油和低凝柴油生产十分重要。而且，液蜡也是精细化工的重要原料，资源比较缺乏。轻质燃料油品脱蜡工艺有分子筛脱蜡、尿素脱蜡以及微生物脱蜡等。

（4）产品的加氢精制是在催化剂存在下，于300～450℃，氢分压一般为2～10兆帕压力下对油品进行加氢，可除去含硫、氮、氧的化合物和金属杂质，改进油品的储存性能和腐蚀性、燃烧性，该工艺适用于各种油品精制。

原料精制主要是蜡油精制和渣油精制，为了区别于产品精制，通常称之为蜡油与重油加氢处理装置。

蜡油加氢处理是设计处理含硫直馏蜡油、减压蜡油和焦化蜡油。经过催化加氢进行脱硫、脱氮、芳烃饱和、烯烃饱和等反应生产精制蜡油作为催化裂化装置进料，润滑油异构脱蜡装置进料等，同时生产少量气体、石脑油、柴油等副产品。一般在高压下进行，反应温度350～450℃，氢分压一般为10～16兆帕压力下对油品进行加氢。

对于劣质重油的处理，国际上发展了固定床渣油加氢、沸腾床加氢等工艺。工艺流程较为简单、易于操作、技术成熟，投资较其他渣油加氢工艺低，国内已投产的渣油加氢装置均采用固定床加氢工艺。根据原料油性质中金属含量和残炭含量，以及生产目标为提供数量尽可能多的催化裂化原料，并不要求较高的渣油转化率，因此本装置采用固定床渣油加氢工艺。一般在高压下进行，反应温度350～450℃，氢分压一般在16兆帕压力左右对油品进行加氢。

（5）润滑油最主要的性能是黏度、安定性和润滑性。生产润滑油的基本过程实质上是除去原料油中的不理想组分，主要是胶质、沥青质和含硫、氮、氧的化合物以及蜡、多环芳香烃，这些组分主要影响黏度、安定性、色泽。方法有溶剂精制、脱蜡和脱沥青、加氢精制和白土精制等。

① 溶剂精制：是利用溶剂对不同组分的溶解度不同达到精制的目的，为绝大多数的润滑油生产过程所采用。常用溶剂有糠醛、苯酚和甲基吡咯烷酮等。在溶剂油生产过程也有采用，其工艺与重整装置的芳香烃抽提相似。

② 溶剂脱蜡：溶剂脱蜡一般是针对润滑油生产采用的工艺，是除去润滑油原料中易在低温下产生结晶的组分，主要指石蜡和地蜡。脱蜡采用冷结晶法，在需要脱蜡的油品中加入对蜡无溶解作用的混合溶剂，如甲苯－甲基乙基酮，石蜡结晶析出，再通过真空过滤机脱除，故脱蜡常称为酮苯脱蜡。

③ 白土精制：一般放在润滑油生产工序中，是精制工序的最后工段，用白土（主要由二氧化硅和三氧化二铝组成）吸附有害的物质。

二、产品与原料精制技术

1. 产品加氢精制

加氢精制的化学反应是在氢气存在和一定温度压力

下，脱除油品中的硫、氮、氧和金属杂质，并使烯烃饱和。在精制过程中氢气循环应用，并需不断补充新氢。新氢的来源一个是来自催化重整装置副产氢气，每吨重整原料油副产纯度为70% ~95%的氢气180 ~250标准立方米(指在标准状态下的气体体积)。另一个是来自炼油厂的制氢装置(后面另作专题介绍)。加氢精制所用催化剂是以活性氧化铝为载体的钨钼钴镍催化剂，进厂时这些元素都是以氧化物状态存在于催化剂的载体表面，不具有加氢活性，只有以硫化物状态存在时才具有加氢的高活性、稳定性和选择性，所以将催化剂装入反应器后必须先进行预硫化，硫化过程是以二硫化碳为硫化剂，在230 ~290℃和4兆帕氢压下进行。石油产品需要进行加氢精制的主要是催化汽油、催化柴油、焦化汽油、柴油等，以及含硫原油的直馏汽、煤、柴油。特别是焦化汽柴油大都含有大量单烯烃、双烯烃等不饱和烃以及硫、氮、氧等化合物，安定性很差，是加氢精制的主要对象。同时，二次加工所得柴油中的硫化物有多种不同类型，选择加氢催化剂要与柴油中的硫化物组成相匹配。

(1) 催化汽油后处理技术。为了降低汽油硫含量，国内开发了选择性加氢脱硫技术，原理为将催化汽油分为轻重馏分，利用轻馏分烯烃含量高(70%)，重组分硫含量高(90%)，对两组分选择性处理，轻馏分脱硫醇，重馏分进行选择性加氢脱硫，然后两者混合，汽油硫含量可降至小于50 ~300微克/克，脱硫率在80%左右，*RON* 约损失 1.5～2 个单位。相继开发的各种工艺很多，机理和结果相似。RIDOS 非选择性加氢脱硫技术，具有异构化提高辛烷值的作用，汽油硫含量可降至 18% 以下；FRS－FCC 全馏分汽油加氢脱硫技术，脱硫率高、适当降烯、*RON* 损失小，产品液体收率高（100%）等特点；OTA 全馏分催化裂化汽油烯烃芳构化加氢技术，脱硫率可达 70%，烯烃饱和率达 60%～77%，辛烷值损失很小。

（2）清洁柴油生产技术。国内开发的催化柴油加氢改质技术（RICH）和劣质催化裂化柴油加氢改质技术（MCI）技术，均可将催化裂化柴油（LCO）改质提高质量。如 RICH 技术，柴油十六烷值均可提高 10.4 个单位，硫含量从 6000 微克/克降至 1.9 微克/克，密度降至 0.0352；MCI 技术，柴油十六烷值可以提高 10～15 个单位，硫含量从 7000 微克/克降至 5.8 微克/克，密度降至 0.0428。伴随工艺开发，也推出了一批柴油高活性深度脱硫催化剂，如 FH－DS 催化剂，可将硫含量为 1% 的含硫直馏和催化混合柴油直接脱硫达到小于 0.035% 的欧Ⅲ标准，调整操作可达到小于 50 微克/克的欧Ⅳ标准。RS－1000 超深加氢脱硫催化剂，中试结果可达到欧Ⅳ标准。

开发的 FHI 加氢改质异构降凝工艺技术，在柴油产品深度加氢脱硫和脱氮、芳烃饱和并开环、降低密度和简化流程、提高十六烷值的同时，可较大幅度地降低柴油产品的凝点，并保持较高的柴油产品收率。已开发的柴油深度脱硫脱芳技术，如两段法柴油深度脱硫脱芳技术(FDAS)以及汽提式两段法柴油深度脱硫脱芳技术(FCSH)，是直接生产低硫、低芳、高十六烷值清洁柴油有效的途径。

为了提高对油品精制的认识，现将焦化汽柴油加氢精制工艺简要叙述如下：一般是以焦化汽柴油的混合油为进料，经加热炉加热至约 300℃，与循环氢混合进入反应器，反应物经高压分离器和低压分离器与氢气分离，然后进入分馏塔分馏出汽油和柴油合格产品。分离出来的氢气循环使用，经循环氢压缩机与进料混合，不断补充的新氢经新氢压缩机注入循环氢内。焦化汽柴油精制的反应温度为 340～360℃，压力为 8 兆帕，氢耗(纯氢)90 标准立方米/吨进料油。直馏油品及催化油品的精制反应条件可有所降低，精制的反应压力一般分为 4 兆帕与 8 兆帕两个等级。随后，由于对汽、柴油质量要求日趋严格，加氢精制技术有了较大发展，特别是针对炼制进口高含硫原油所得到的柴油，开发研制提高脱硫活性的加氢精制催化剂，效果良好，可以生产硫含量小于 0.05% 的柴油产品。同时，还发展了中压加氢改质(MHUG)技术，以催化裂化柴油和直馏重柴油作原料，进行加氢改质，生产重整原料和优质乙烯裂解原料。

焦化汽、柴油加氢精制工艺流程如图 3－18 所示。

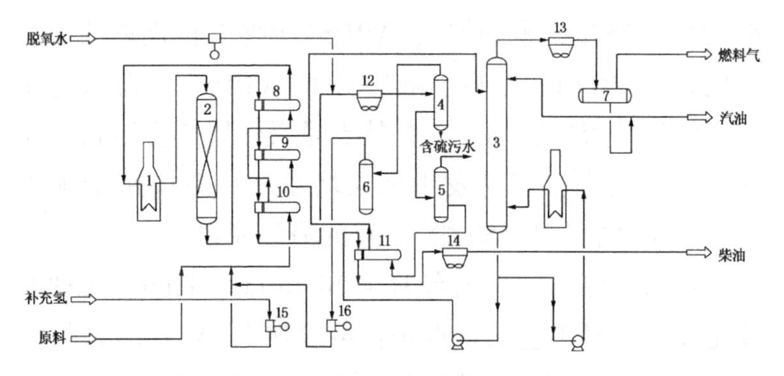

图 3－18　焦化汽、柴油加氢精制工艺流程示意图

1—反应进料加热炉；2—反应器；3—分馏塔；4—高压分离器；
5—低压分离器；6—分液器；7—回流罐；8、10—反应产物/反应进料换热器；
9—反应产物/分馏进料换热器；11—柴油/分馏进料换热器；12—反应产物空冷器；
13—分馏塔顶空冷器；14—成品柴油空冷器；15—补充氢压缩机；16—循环氢压缩机

2. 原料加氢处理

（1）蜡油加氢。蜡油加氢处理是指重质油品的精制脱硫，是最重要的精制方法之一。该工艺在临氢和催化剂存在下，使原料中的硫、氧、氮等有害杂质转变为相应的硫化氢、水、氨而除去，芳烃部分加氢饱和，以改善原料的质量。目前，蜡油加氢采用固定床加氢技术，主要目的是作为催化裂化和加氢裂化原料预处理装置。工艺过程与常规油品精制装置相同。

（2）渣油加氢。渣油加氢主要有固定床、沸腾床、悬浮床和移动床四种工艺，不同工艺适应不同原料和产品的要求，目前国内主要采用固定床渣油加氢工艺。

固定床渣油加氢工艺的特点：工艺成熟、易于操作、装置投资相对较低；反应温度相对较低，渣油转化率15% ~25%，重油加氢(ARDS)所得未转化重油作为催化裂化(RFCC)原料，减压渣油(VRDS)所得未转化重油作为低硫燃料油。工艺特点是操作周期受原料杂质含量影响较大，容易发生床层堵塞，一般应用于加工(Ni + V)含量小于150微克/克的渣油原料。

目前，沸腾床工艺有H – Oil和LC – Fining两种商业化技术，其工艺的特点是：可以加工(Ni + V)含量高达700 ~800微克/克的渣油原料，可长周期连续运转；渣油转化率为60% ~90%。缺点是工艺、设备复杂，不易操作，装置投资高；加氢渣油不适宜作为RFCC进料，通常作为原料处理使用。

悬浮床工艺是以临氢热裂化反应为主的过程；移动床工艺可以作为固定床反应器的前置反应器系统，目的是延长固定床反应器的运转周期。目前国内没有技术应用。

渣油加工处理简单地说，就是在高温、高压和催化剂存在的条件下，使渣油和氢气发生化学反应，渣油分子中硫、氮和金属等有害杂质，分别与氢和硫化氢发生反应，生成硫化氢、氨和金属硫化物，同时，渣油中部分较大的分子裂解并加氢，变成分子较小的理想组分，反应生成金属的硫化物沉积在催化剂上，硫化氢和氨可回收利用，而不排放到大气中，故对环境不造成污染。加氢后重油进催化裂化加工处理，全部转化为气油和柴油。

① 悬浮床渣油加氢处理工艺。悬浮床渣油加氢反应的简单工艺流程为在催化剂和氢气存在下，将混有催化剂的渣油原料通过空筒式或有简单内构件的反应器进行加氢热裂化反应。该工艺过程结合了加氢工艺和脱炭工艺的某些特点，具有工艺流程简单，操作灵活，原料适应性强，空速高等特点。中国石化抚顺石油化工研究院开发了此技术，但尚无工业化装置。

② 固定床渣油加氢处理工艺。固定床渣油加氢是比较成熟的工艺过程，它主要是进行渣油改质，脱除劣质渣油原料中的金属（Fe、Ni、V、Ca、Na 等）、硫、氮等杂质和残炭，主要为 FCC 装置提供原料同时生产部分轻质油品，实现原料渣油的全部轻质化。

固定床加氢工艺条件较缓和，通常反应条件范围为：反应温度为 370～410℃，反应压力为 12～18 兆帕，空速为 0.5～0.2/小时。

3. 制氢

氢气是石油化学工业的一种基本原料，制取氢气有多种方法，这里主要介绍炼油厂广泛应用的以干气、轻烃为原料的蒸汽转化制氢工艺。蒸汽转化制氢的原料包括炼厂气、天然气、石脑油、炼厂焦化干气、液化石油气、重整抽余油等。蒸汽转化反应的原理是，以水蒸气与碳氢化合物反应，先将碳氢化合物（如 CH_4）中的氢及水（H_2O）中的氢分解出来，使碳氢化合物分解的碳与水分解的氧生成一氧化碳；然后一氧化碳再与水蒸气反应，变换为二氧化碳与氢，最后用溶剂和甲烷化的方法将二氧化碳以及残留的一氧化碳脱除，从而得到纯度很高的氢气。装置制氢的工艺过程分为5个步骤：原料脱硫、蒸汽转化、一氧化碳变换、脱二氧化碳、甲烷化。

（1）原料脱硫，制氢所用的催化剂易被硫化物中毒，所以必须将制氢原料进行预处理，先用加氢方法将原料中的有机硫化物(硫醇、硫醚、二硫化碳、硫氧化碳等)转化为硫化氢，然后用氧化锌或有机溶液吸收，使原料净化。加氢脱硫使用钴钼催化剂，反应温度约350℃。

（2）蒸汽转化，轻烃的水蒸气转化是一个强烈的吸热反应，需要很高的反应温度，因此是在列管式转化炉内进行，炉管中装有镍催化剂，反应温度790℃。

（3）一氧化碳变换，采取中温变换(380℃上下)和低温变换(190℃上下)两段反应，中温变换采用铁铬催化剂，低温变换采用铜锌催化剂。一氧化碳浓度可减小到千分之五左右。

（4）脱除二氧化碳，以二乙醇胺或环丁砜等作溶剂将二氧化碳吸收，然后将溶剂再生循环使用。一般采用两段吸收和两段再生。

（5）甲烷化，脱二氧化碳后的氢气中仍含有微量一氧化碳和二氧化碳，会影响氢气的应用，造成加氢催化剂中毒，须采用甲烷化方法加以完全脱除。反应温度330℃，使用镍催化剂。

这里还要说明的是，近年发展的变压吸附工艺可以将上述的低压变换、二氧化碳脱除、甲烷化等几个部分全部代替，从而简化了流程，降低了能耗；但耗用原料多，建设投资稍高。此外，变压吸附工艺广泛应用于低浓度氢气的提纯。从催化重整、加氢精制和加氢裂化等装置在生产过程中产生的50% ~90% 低浓度氢气，需要加以提高浓度才好利用。目前氢气提浓有两种技术，即变压吸附和膜分离。变压吸附的过程是利用装在立式容器内的活性炭、钙沸石(分子筛)等固体吸附剂，在压力下选择性吸附氢气中的杂质，可得到99% 纯度的氢气。膜分离技术是利用高分子中空纤维管状薄膜对不同气体分子具有不同渗透率的原理进行提浓净化。膜分离器操作压力 8 ~15 兆帕，氢纯度可达 86% ~95% 。所以膜分离法适用于气量较小，氢纯度要求不高的情况。

制氢原料路线很多天然气、甲醇、炼厂干气、石脑油、重油和煤炭等，一般按资源可获性和制氢成本筛选工艺路线和原料。

① 不含大量烯烃的天然气或轻烃原料制氢典型流程：

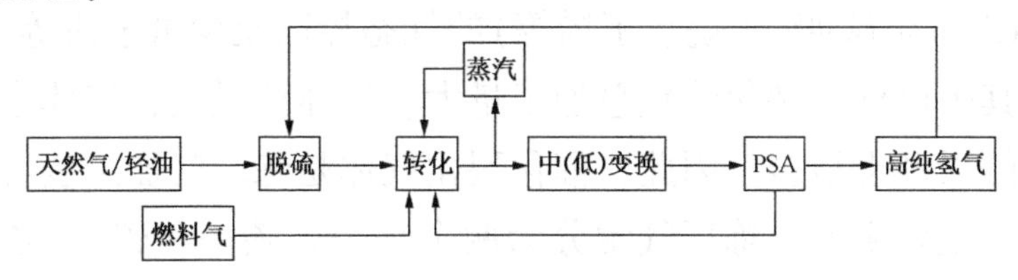

② 含大量烯烃的炼油厂干气制氢典型流程：

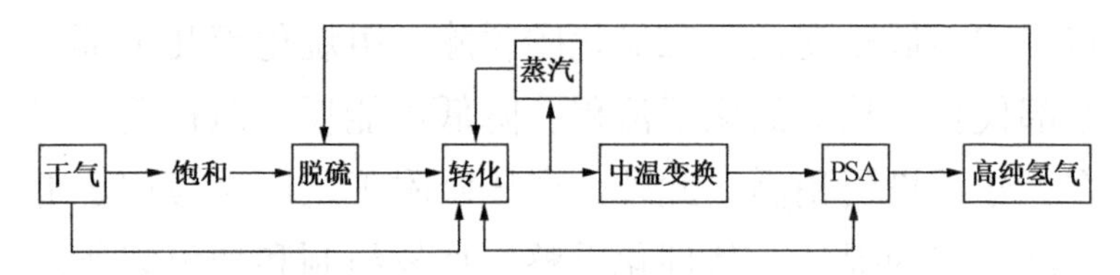

③ 用石脑油生产高纯氢气的流程：

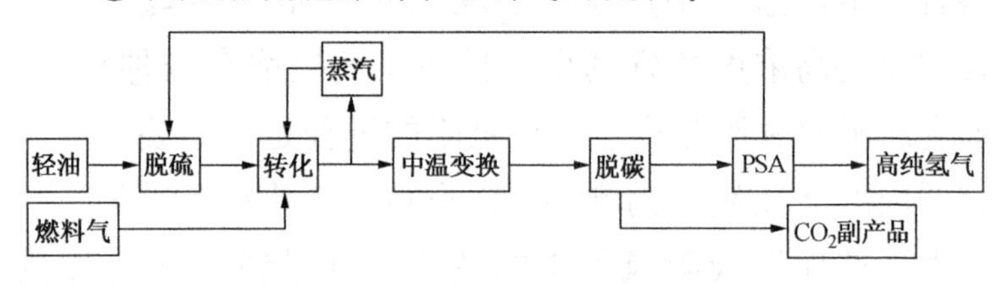

炼厂干气富裕时，应该利用干气制氢。如果改变工艺或干气有其他利用途径，也可以利用附近具有的天然气资源和甲醇资源制氢。目前，在炼油厂选择干气制氢路线是合理的。

第四节　炼厂气加工

石油炼制过程中，特别是在二次加工进行重质油轻质化过程中，产生大量气体，除了催化重整产生的气体是以氢气为主外，其他装置产气主要为碳一(甲烷 CH_4)至碳四(丁烷、丁烯等)的气态烃以及少量杂质等，其中以催化裂化装置总加工量大，气体产量大，气体中的烯烃也最多。因此，催化裂化气体是炼厂气加工装置的主要来源。炼厂气常分为两个部分，碳一和碳二(乙烷、乙烯)的烃类称为干气，数量较少，一般作为燃料气供加热炉烧掉，也可利用干气中的乙烯组分生产苯乙烯等；碳三(丙烷、丙烯等)和碳四的烃类，即液化石油气，可进一步加工生产各种化工原料，是炼厂气加工的主体。炼厂气加工的第一步就是根据需要把各种组分分开，即进行气体分馏，分馏后的气体加工工艺，在这里仅介绍与炼油生产密切相关的烷基化、叠合、甲基叔丁基醚等装置。

1. 气体分馏

气体分馏是指对液化石油气即碳三、碳四的进一步分离。这些烃类在常温常压下均为气体，但在一定压力下成为液态，利用其沸点不同进行精馏加以分离。由于彼此之间沸点差别不大，分馏精度要求很高，要用几个多层塔板的精馏塔。塔板数越多塔体就越高，所以炼油厂的气体分馏装置都有数个高而细的塔。

气体分馏装置要根据需要分离出哪几种产品以及要求的纯度来设定装置的工艺流程，一般多采用五塔流程。液化石油气先进入脱丙烷塔，塔顶分出的碳二和碳三(丙烯)进入脱乙烷塔，塔顶分出乙烷，塔底物料进入脱丙烯塔；塔顶分出丙烯，塔底为丙烷馏分；脱丙烷塔底物料进入脱轻碳四塔，塔顶分出轻碳四馏分(主要是异丁烷、异丁烯、1-丁烯组分)，塔底物料进入脱戊烷塔，塔底分出戊烷，塔顶则为重碳四馏分(主要为2-丁烯和正丁烷)。上述五个塔底均有重沸器供给热量，操作温度不高，一般在55～110℃，操作压力前三个塔应为2兆帕以上，后两塔为0.5～0.7兆帕；可得到五种馏分：丙烯馏分（纯度可达到99.5%）、丙烷馏分、轻碳四馏分、重碳四馏分、戊烷馏分。

2. 烷基化

烷基化油是高辛烷值汽油的组分，烷基化油的组成主要是异辛烷，因此也称工业异辛烷，辛烷值高，有良好的挥发性和燃烧性，是航空汽油和车用汽油的理想调和组分。其原料是异丁烷和各种丁烯组分（异丁烯、1－丁烯、2－丁烯等），反应原理主要是在酸性催化剂作用下，进行加成反应，同时也有各种副反应，包括叠合反应、异构化反应、分解反应和氢转移反应等，是比较复杂的。烷基化工艺有两种，均被广泛采用，即硫酸法烷基化和氢氟酸法烷基化。

烷基化工艺主要采用液化气中的异丁烷和正丁烯在催化剂（氢氟酸、硫酸）作用下反应生成烷基化油，它是异构烷烃的混合物，其辛烷值高，敏感性小（研究法辛烷值与马达法辛烷值之差），具有理想的挥发性和清洁的燃烧性，是航空汽油和车用汽油的理想调和组分。烷基化工艺是炼油厂中应用最广泛的一种气体加工工艺过程。

工业上广泛采用的烷基化催化剂有硫酸和氢氟酸，与之相对应的工艺称为硫酸法烷基化工艺和氢氟酸法烷基化工艺。新型工艺为固体酸烷基化工艺，国内还没有此技术。

硫酸和氢氟酸工艺比较：硫酸法烷基化工艺在配有废酸处理设施后，其最大优点是安全和环保，但由于增加了废酸处理设施，使整个装置的投资增加。而氢氟酸烷基化技术尽管在安全方面增加了新技术措施，且相对来说总投资要低，但是其安全性能仍然低于硫酸法烷基化技术；在产品质量方面，两种工艺技术都能够根据需要生产出质量合格的烷基化油产品；在公用工程消耗、异丁烷的消耗、原料预处理和适应性方面硫酸法技术占有一定优势；只是在能耗、催化剂消耗方面氢氟酸法占有优势。另外，从近十几年国外的烷基化装置发展情况看，几乎90%选择了硫酸法烷基化技术。

（1）硫酸法烷基化，由气体分馏装置得到的异丁烷及丁烯馏分经脱水、冷却并与本装置的循环异丁烷混合进入带搅拌器的卧式反应器，由酸沉降罐来的循环硫酸作为催化剂也同时进入。反应温度一般为8～12℃，反应压力为0.3～0.8兆帕。反应后的酸烃乳化液经一上升管进入酸沉降器进行沉降分离，酸液沿下降管返回反应器循环使用，从沉降器分出的反应生成物进入闪蒸罐(a)分离出气体后，经酸洗和碱洗进入脱异丁烷塔，塔顶分出异丁烷冷凝后返回反应器循环使用，侧线出正丁烷送出装置，塔底为烷基化油。闪蒸罐(a)分离出的气体经压缩冷却进入闪蒸罐(b)闪蒸出富丙烷物料，返回压缩机二级入口，闪蒸罐(b)出来的液体再进入闪蒸罐

(a)闪蒸，得到的低温致冷剂送反应器循环使用。为了避免丙烷在系统中聚集，定期抽出少量压缩机凝液，经碱洗后排出装置。

所用新鲜硫酸浓度为98% ~99.5%，因原料带水及副反应生成硫酸酯等使酸浓度逐步下降，排出废酸浓度为88% ~90%。废酸回收是本装置的重要配套设施。硫酸法烷基化的烷基化油辛烷值(研究法)为93.5 ~95。

(2) 氢氟酸法烷基化，氢氟酸法烷基化的反应原理与硫酸法类似，只是将催化剂改换为氢氟酸。可免去硫酸的废酸回收的麻烦，但氢氟酸为腐蚀性强、易挥发的剧毒物质，也须采取一系列防护措施。氢氟酸法烷基化的烷基化油辛烷值(研究法)为92.9 ~94.4。

3. 催化叠合

催化叠合是将丙烯、丁烯馏分叠合成高辛烷值汽油组分。过去我国采用的是非选择性叠合工艺，近年引进了选择性叠合工艺，分别说明如下。

(1) 非选择性叠合。非选择性叠合是以未经分离的液化石油气作原料，经过脱硫和加热器加热后进入反应器，反应器像一个立式换热器，管内装固体磷酸催化剂，壳程通软化水带走反应热并发生蒸汽。反应温度为200℃，反应压力为3兆帕。反应生成物从反应器底部出来到稳定塔，塔顶分离出液化气，塔底为叠合汽油组分，必要时进行再蒸馏除去所含少量重叠合物。所产叠合汽油辛烷值(研究法)93 ~96，并具有很好的调和性能。但叠合汽油大部分是不饱和烃，储存时不安定。我国最近又开发了新型分子筛以代替磷酸。

(2) 选择性叠合。选择性叠合采用硅酸铝催化剂，用组成比较单一的丙烯或丁烯作原料，经过脱水后进入反应器。两个反应器串联操作，中间设冷却器以调节反应温度，从反应器顶部出来的生成物进入稳定塔，从塔底得到叠合汽油。反应温度 80～130℃，反应压力 4 兆帕。叠合汽油辛烷值(研究法)为 97。

4. 甲基叔丁基醚(MTBE)生产工艺

甲基叔丁基醚是国际上 20 世纪 70 年代发展起来的高辛烷值汽油调和组分，其辛烷值(研究法)为 117。我国近年也已建设了数套 2～14 万吨/年装置。生产甲基叔丁基醚的原料为炼厂气中的异丁烯和外购的甲醇，催化剂为强酸性阳离子交换树脂，反应原理是在催化剂作用下，异丁烯与甲醇进行合成醚化反应而得到产品。工艺流程大致如下：碳四馏分与甲醇按比例混合，加热到 40℃进入净化醚化反应器进行反应，反应压力为 1.25 兆帕。从醚化反应器底部出来的反应生成物中含有未反应的碳四、甲醇及少量副反应物经碳四分离塔脱除，塔底得到 MTBE 产品，塔顶脱除出来的碳四与甲醇的共沸物经水洗塔和甲醇回收塔得到的甲醇送往反应部分加以利用。装置所得到的 MTBE 纯度在 98% 以上。MTBE 常温下为液体，沸点 52～58℃，相对密度为 0.74。

近几年，由于环境保护的要求日趋严格，提高汽油辛烷值所需 MTBE 的数量急剧增加，而生产 MTBE 所需的原料异丁烯来源有限，因此人们更加关注另一种醚类化合物：叔戊基甲醚(简称 TAME)的利用，因为生产 TAME 的原料可以取自催化裂化汽油碳五馏分中含量约为 20% ~25% 的叔戊烯。

5. 液化气与直馏汽油芳构化装置

近几年国内开发了液化气芳构化和直馏汽油芳构化技术，该技术是一项非临氢改质技术(即液化气和汽油芳构化技术)，对小型企业有很强的生命力。

(1) 液化气制芳烃装置。山东东明石化建设 5 万吨/年液化气制芳烃装置，该项目为中国首套液化气制芳烃工业化装置，装置以液化石油气(LPG)为原料，采用中国石化洛阳石化工程公司研究院开发的具有自主知识产权的专用催化剂，使液化石油气中的丙烷和丁烷经裂解、脱氢、氢转移、环化和异构化等复杂反应过程转化为芳烃，生产苯、甲苯、二甲苯等产品。

(2) 直馏汽油改质装置也已经工业化。扬州石油化工厂建设 2 万吨/年直馏汽油改质装置，设计单程运行时间 41 天，汽油产品 *RON* 为 84，第一周期实际运行 70 天，平均汽油产品 *RON* 为 85，根据加工原料的变化，整个反应过程可以分成两个阶段：前期，纯直馏汽油反应；中后期，80% 直馏汽油 + 20% 的碳四反应，C5 + 汽油产率约 75%，干气(氢气 + C_1 + C_2)的产率小于 2%，反应的总液体收率高于 98%。

（3）在东北沈阳蜡化公司投产了一套 7 万吨/年非临氢改质装置，装置采用两台反应器轮流切换进行反应或再生原料，以 40% 重碳四 +60% 直馏汽油产品为原料，产品按 93 号乙醇汽油调和组分和车用液化气设计，得到的产品汽油辛烷值 *RON* 为 87，烯烃含量 <3%，液化气烷烃含量 >90%，液态烃总收率 >97%，干气产率 <3%，催化剂单程运转周期 700 小时，催化剂总寿命 >8000 小时。

国内开发的直馏汽油非临氢改质工艺技术具有流程简单投资省，原料适用范围宽，操作灵活性大的特点，为直馏汽油和碳四馏分的升值利用和炼厂汽油降烯烃开辟了一条新途径。直馏汽油改质装置见图 3－19。

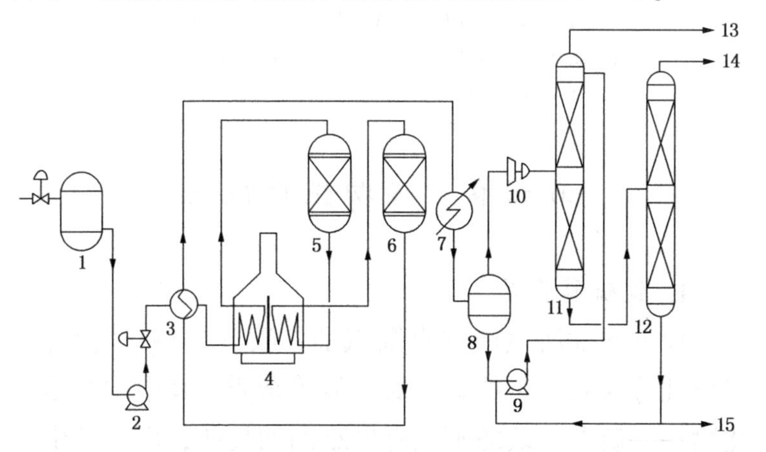

图 3－19　直馏汽油改质装置

1—原料缓冲罐；2—原料输送泵；3—换热器；4—加热炉；5—反应器 A；6—反应器 B；7—产物冷却器；8—分离器；9—粗汽油泵；10—富气压缩机；11—吸收解吸塔；12—稳定塔；13—干气；14—液化气；15—稳定汽油

针对我国催化汽油的特点，开发了催化汽油加氢脱硫及芳构化工艺技术(Hydro - GAP)。该技术通过芳构化、选择性裂化、异构化、烷基化等反应，在脱硫、降烯烃的同时，维持汽油的辛烷值不降低，硫含量可降至150微克/克以下，总液体收率大于99.0%，其中汽油收率在95%(质量)左右，为我国清洁汽油的生产提供了一条新的技术路线，加工概念流程详见图3-20。

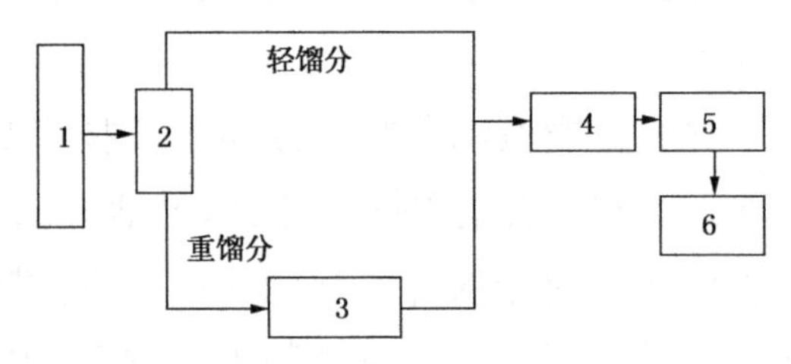

图3-20 Hydro - GAP技术的加工流程图

1—原料缓冲罐；2—分馏塔；3—Hydro - GAP反应器；

4—吸收稳定系统；5—脱硫醇系统；6—产品

第五节 辅助生产设施

1. 脱硫醇装置

原油蒸馏所生产的直馏汽油、喷气燃料、溶剂油、轻柴油等含有少量的硫、氮、氧等杂质，其中主要是硫化物——硫醇。硫醇不仅有极难闻的臭味，而且易生成胶质，对铜铅有腐蚀，因此需要进行脱硫醇精制。

我国一般采用固定床催化氧化脱硫醇法，也称梅洛克斯(Merox)法，其原理是将硫醇在催化剂床层上进行氧化反应，生成无臭无害的二硫化物，实际上油品中的含硫量并未减少。

固定床催化氧化脱硫醇是将汽、煤油首先进行预碱洗，中和油中所含的硫化氢，然后与空气混合进入脱硫醇反应器进行氧化反应，反应器的固定床层为吸附有催化剂磺化钛箐钴碱液的活性炭。硫醇转化成二硫化物后进入沉降罐进行分离。沉降罐顶部出来的气体经柴油吸收罐和水封罐后排入大气，沉降罐底部出来的即为脱硫醇汽油。反应在常温常压下进行。

另外一种脱硫醇技术是分子筛吸附精制，应用于大庆原油的喷气燃料精制，所用催化剂铜 13X 分子筛，将油品换热到 120℃左右与空气混合进入分子筛固定床反应器进行氧化反应，反应后的油品经冷却器冷却进入脱色罐和玻璃毛过滤器，得到精制油品。此项技术减少了预碱洗，分子筛可同时脱除水、硫化氢、硫醇等。

2. 酸性水汽提装置

炼油厂加工含硫原油时，一次加工装置和大部分二次加工装置都要产生并排出酸性水，由于酸性水不仅含有较多硫化物和氨，同时含有酚、氰化物和油等污染物，不能直接排至污水处理场。炼油厂都采用全厂酸性水分类集中处理，建立酸性水汽提装置。

炼油厂的酸性水主要来源于常减压蒸馏装置、催化裂化装置、焦化装置、加氢精制装置和加氢裂化装置。酸性水分为加氢型和非加氢型酸性水，根据水质情况和分别回用的要求，实现酸性水分类集中处理的目的，如氨浓度较低的非加氢水可采用单塔低压汽提，而氨浓度较高的加氢水采用单塔加压侧线抽出汽提，回收氨利于提高装置的经济效益。

酸性水的预处理：酸性水在进入汽提塔前，需进行脱气、除油、除焦粉等预处理，以保证汽提装置长周期安全平稳运行。

(1) 脱气。上游各装置产生的酸性水压力输送至酸性水汽提装置的酸性水罐，由于压力降低，溶于水中的轻烃及部分 H_2S、NH_3 会释放出来。一般各装置都设置脱气罐，脱除的轻烃气送至全厂低压瓦斯管网，带入的重烃可从脱气罐的排油口间断排至装置污油罐。脱气罐要保持酸性水足够的停留时间，轻烃排放气体管径要留有适当余地。

(2) 脱油。酸性水或多或少都会带油，这些油会破坏汽提塔内的气、液相平衡，造成操作波动，影响产品质量，故进塔水的油含量越低越好，一般要求小于 50 毫克/升。

(3) 除焦粉。延迟焦化装置排放的酸性水，由于携带焦粉，易引起塔盘结焦，堵塞浮阀及换热器等设备，严重影响汽提装置平稳操作及净化水质量，因此焦化水除采用破乳脱油外，还需经过滤器过滤，除去焦粉。

酸性水汽提采用单塔低压全吹出汽提工艺：该工艺是在低压状态下单塔处理酸性水，硫化氢及氨同时被汽提，酸性气主要为硫化氢及氨的混合气。原料酸性水经脱气除油后，进入汽提塔的顶部，塔底用 1.0 兆帕(表压）蒸汽加热汽提，酸性水中的硫化氢、氨同时被汽提，自塔顶经冷凝、分液后，酸性气送至硫磺回收部分回收硫磺，塔底即得到合格的净化水。

3. 溶剂再生部分

近年来，我国加工进口原油量在逐年增加，炼油厂的加工装置规模也在不断扩大。尤其是原油含硫量的增加。国家对油品质量和环保要求日益严格，需要脱硫的介质也越来越多。在催化裂化、延迟焦化和加氢裂化等装置中都需要设置胺液脱硫设施，脱硫后的富液须经溶剂再生装置进行再生后回用，溶剂再生的好坏直接关系到脱硫效果，所以溶剂再生是胺液脱硫中很重要的一部分。溶剂再生发展经历了 3 个阶段：第一阶段：1995 年前，国内炼油厂规模较小，加工装置较少，原油的硫含量较低，需要脱硫的介质也较少，因此都采用装置内单独设置脱硫再生，溶剂再生产生的酸性气集中输送至硫磺回收装置。第二阶段：1995 年，我国炼油设计学习国外先进经验，设计了溶剂集中再生装置。即每套主体装置仅设置脱硫部分，而将再生部分全厂集中设置，而且平面布置紧靠硫磺回收装置。这种设置模式已经成为新建炼油厂或老厂改造的主要模式。第三阶段：为进一步降低投资和操作费用，新建炼油厂还采用相似气体集中处理的方式，即把压力、温度、组成相近的气体，或用途相同的气体混合在一个吸收塔内进行脱硫，溶剂集中再生。

溶剂再生装置工艺过程可分为溶剂配制、溶剂换热、溶剂再生和退溶剂4部分，目前国内溶剂换热部分以中温闪蒸为主。各炼油厂均是根据具体情况因地制宜，合理选择溶剂再生装置控制方案。

溶剂再生常规蒸汽汽提再生工艺，再生塔底重沸器热源采用0.35兆帕(表压)蒸汽减温后使用。采用浓度为30%(质量)的复合型甲基二乙醇胺(MDEA)溶剂作为脱硫剂。

4. 硫黄回收

硫黄回收是将炼制含硫原油过程中产生的含硫气体和含硫污水汽提得到的酸性气中的硫利用克劳斯(Claus)反应转化成硫黄的工艺。硫黄回收一般采用部分燃烧法，即含有硫化氢的酸性气在供氧不足的条件下燃烧，并保持硫化氢与生成的二氧化硫成一定比例时，硫化氢即转化为单质硫。

生产流程是：全部酸性气进入燃烧炉，炉膛温度控制在1100~1300℃，送入空气量只够1/3硫化氢燃烧生成二氧化硫；其余含氨酸性气进入二级转化器进行低温催化反应，采用氧化铝催化剂，总转化率可达95%。硫回收的尾气仍含有大量硫化物，一个年产1万吨的硫回收装置，每年从尾气中有近千吨硫排入大气，污染十分严重，必须采用尾气处理工艺(例如，采用斯科特(SCOT)工艺将尾气中的硫化物加氢还原成硫化氢再用溶剂吸收)进行处理，达到排放标准。

硫黄回收部分主要采用的工艺：

(1) 硫黄回收采用部分燃烧法、外掺合两级转化克劳斯制硫工艺。

（2）尾气处理采用还原－吸收工艺。外补氢气保持尾气加氢反应所需的氢气浓度。

（3）克劳斯尾气通过与尾气焚烧炉出口烟气换热被加热到所需温度。

（4）尾气处理系统不设置单独的溶剂再生设施。

（5）燃烧炉废热锅炉产生 1.0 兆帕(表压)低压蒸汽。

（6）液硫成型采用造粒成型机及半自动包装系统设置。

（7）尾气采用热焚烧后经烟囱排放。

（8）设置尾气在线分析控制系统，连续分析尾气的组成，在线控制进酸性气燃烧炉空气量，尽量保证过程气 H_2S/SO_2 为 2/1，提高总硫转化率。

第四章　系统配套

第一节　炼油设备与自动化控制

炼油所用设备品种繁多，数量很大，概括起来有以下几个特点：第一是设备体积大；第二是非标准设备多；第三是自动化程度高；第四是长周期、连续、密闭运转，全部以管道连接，一般无备用设备；第五是露天化布置；第六是有严格的防火、防爆和防污染要求。

炼油用的主要设备按其功能大致可分为六大类：即塔器类、反应器类、换热器类、加热炉类、机泵类、容器及其他设备。这些设备构造成炼油生产装置、储运系统、公用工程系统等，形成工业生产过程。在生产过程中自动化控制系统发挥了重要作用，成为生产过程安全、稳定、自动化运行不可缺少的工具。

生产设备与自动化密切关联，经过长期不断的努力，设备制造技术在进步，自动化控制水平也在加强。特别是计算机技术发展以后，以微处理器为核心的自动化系统，从简单的 PLC(可编程序逻辑控制器)发展到今天融合 PLC 和 DCS 及计算机功能为一体的所谓三电一体化的 DCS 系统，成为今后工业自动化的发展趋势。

第二节　炼油厂总体布置

炼油厂属于现代化大型工厂，其特点是自动化程度高、连续性生产、占地面积大、设备高大及露天化布置、运输量大、易燃易爆、安全防火及环境保护要求高等。炼油厂的组成包括：原油一次及二次加工的各生产装置，油品储运，给水排水、供电、供汽、供风、通讯等公用设施，机修、电修、仪修及化验；道路、铁路、码头及仓库以及其他辅助设施、办公及生活设施。

炼油企业一般按功能布局分为管理区、装置区、公用工程及辅助设施区、动力区、油品储运区、铁路及公路装卸区、污水处理场及火炬区等区域。

第三节　油品储运

油品储运系统包括：油品储存、油品运输、油品调和、液化石油气储运、火炬、化学药剂设施等六个部分。油品储运涉及炼油厂原油进厂、产品出厂、各加工装置之间的物料调度，对于加工量大、连续性生产的炼油厂来说至关重要，特别是在走向市场经济的时代，能为销售部门取得最佳效益提供更多的手段和灵活性，其重要性显得更为突出。

液体油品均储存于储罐中，储罐的类型与结构在本书设备一章中已有所介绍。炼油厂的各类油品宜按其挥发性等因素分别储存在不同类型的储罐内：

（1）原油、汽油、溶剂油及类似油品应选用浮顶罐，数量较小时选用内浮顶罐；

（2）航空汽油、喷气燃料宜选用内浮顶罐；

（3）柴油、润滑油、燃料油、渣油以及性质相似的油品选用拱顶罐，灯用煤油宜选用内浮顶罐或拱顶罐；

（4）液化石油气、轻烃（沸点低于60℃）和戊烷选用球形罐或卧罐；

（5）芳烃、醇类、酮类、醛类、酯类、腈类及性质相似的物料选用固定式（拱顶）罐或卧罐；

（6）酸类、碱类选用卧罐或固定式罐，盐酸罐须内衬橡胶或聚氯乙烯；

（7）液氨在压力下储存选用球罐或卧罐，常压低温储存选用双层固定式罐。

储罐的容量是指整个罐体的容积，实际装油在罐体内有一个最高限度，允许最大装入量与罐体容积之比称为储存系数，各类罐的储存系数均按0.9计算，小于1000立方米的固定式罐可按0.85计算。

关于各类油品的储存天数涉及到需要配置多少油罐，因为罐区占地面积很大，建设投资也很大，耗用钢材和建设工程量都很大，如果油罐建得太多，利用率低，必然造成浪费；反之，罐不够用，所造成生产上和营销方面的损失是巨大的。过去我国计划经济进行指令性生产，由于投资不足，炼油厂储罐大都达不到规定数量，往往靠行政命令解决矛盾，转入市场经济以来，才比较注意对待储存天数的问题。一般来说，国外原油储存天数以不少于30天的加工量为宜，国内原油铁路或水运到厂的，储存天数为10～15天，管线输送的为5～7天，如果原油品种较多，油罐须适当增加。成品油储存天数一般为15～20天，除了考虑输送条件外，对于原油和主要油品的储存天数还要从能够灵活地运用市场变化获取更高效益方面考虑，往往需要适当增加储存能力。

各中间原料油罐区的储存天数要根据有关装置的停工检修衔接情况来确定。

油品储运设计要满足《石油化工储运系统罐区设计规范》要求。

第四节　环境保护

在石油炼制过程中必然要生成某些有害于人体健康及污染环境的物质，为了保护环境、造福人民，要求炼油企业必须对各类有害物质在本厂范围内进行处理达到排放标准后才允许排出厂外。

1. 有害物质的排放标准

(1) 废水。分为两类：第一类是能在环境或动植物体内积蓄，对健康产生长远影响的有害物质，如汞、镉、铬、砷、铅等及其化合物，在车间经处理达到排放浓度后排放，并不得采取稀释方法。第二类为长远影响小于第一类的，如酚、硫、磷、石油、铜、锌、氰化物等，在工厂排出口的水质要达到标准。炼油厂废水中污染物检测项目主要有：排放量、水温、pH 值、含油量、硫化物、挥发酚、氰化物、化学耗氧量(COD)、悬浮物等。

(2) 废气。石油炼制工业大气污染物排放标准分为二级，第一级指新建企业，第二级指现有企业；并且根据炼油厂所在地点分为长江以北、以南和丘陵山区等三类，标准略有不同。工业锅炉的烟尘排放标准规定最大容许烟尘浓度，风景区及装运建筑物周围为 200 毫克/立方米，城镇市、郊区为 400 毫克/立方米。烟筒高度按照锅炉额定功率大小也有所规定。

(3) 废渣。工业废渣如能想方设法加以利用，也是一种很有价值的工业资源。炼油厂的废渣的综合利用目前已有许多行之有效的经验，如酸渣送硫酸厂再生硫酸、碱渣供应地方做造纸原料等。废渣堆放场所要防止扬散流失，以免对大气、水源和土壤的污染；严禁将含有汞、砷、氰化物、黄磷及其他剧毒性废渣埋入地下或排入地面水体。

2. 污染源及其控制

控制炼油厂的污染，首先要查清石油炼制过程中污染物的发生来源。炼油厂废水污染源来自三个方面，一是工艺过程中产生的；二是储油罐脱水；三是机泵冷却水和地面冲洗水。查清污染源之后，采取分区(按装置或罐区)进行预处理达到预期指标，再送往污水处理场。对于工艺过程产生的污染源，更重要的是研究从工艺上采取措施来控制。消除工艺上的污染源实际上应该是优化工艺的一个组成部分。

3. 污染物的治理

(1) 废水治理：废水来自各生产装置及循环水场、锅炉房等公用设施，废水在各装置及各设施区内先经过预处理之后，再集中到污水处理场进行废水治理。进入污水处理场的废水，主要包括：含油污水、含硫污水、含盐污水、初期雨水、循环水场排污、含硫含氨污水经汽提后的净化水以及安全消防系统的排水。

(2) 废气治理：生产装置的废气均在装置内回收处理，达到标准后放空；属于全厂性废气治理主要有：①油品储存过程中的废气治理；②油品装车的废气治理；③作为出现事故紧急放空之用火炬气的控制与减少。

(3) 废渣治理：炼油厂废渣大部分是储罐的罐底污泥、污水处理场的油泥、浮渣等，可用作燃料。废催化剂除了要回收所含有的白金等贵重金属外，对不含有剧毒性物质的可以填埋处理，对含有剧毒性物质的废渣须另行作专项处理。

第五节　炼油厂的节能

炼油厂是资源和能源的生产大户，也是资源和能源的消耗大户，其能耗水平在我国各耗能行业中仅次于冶金、建材、化工和电力而居于第五位，对我国节能战略目标的实现具有重大意义。对炼油企业而言，节约资源意味着降本增效，任务艰巨、责任重大。

炼油企业今后的节能努力方向：

(1) 要实现本质节能。在注重企业发展的同时，同步提升节能降耗和资源利用水平。因此，从设计开始就确保将装置建成能源节约型装置，完善能源资源节约型总加工流程，广泛应用窄点技术，优化换热网络，降低能源消耗，同时实现低温位热源的优化利用。在工艺设计上还要为优化产品结构，避免能量浪费，提升资源价值留下余地。

(2) 实现炼油化工一体化。实现炼油化工一体化可以将10% ~25%左右的低价值石油产品转化为高价值的石化产品，充分提高资源的利用效率。再就是根据市场需求，灵活调整产品结构，共用水、电、汽、风、氮气等公用工程，节省投资和运行费用，以及减少库存和储运费用，达到原料优化配置和资源的综合利用的目标，提高企业的整体经济效益。

(3) 原油深度加工技术是提高石油资源利用率的主要技术，这类工艺需要继续向大型化方向发展，从而大大促进了装置生产效率的提高和能耗物耗的下降。以常减压蒸馏装置为例，在同等规模下，单套装置比双套装置投资约减少 24%、比三套装置投资约降低 55%，单套装置能耗比双套装置约减少 19%、比三套装置约降低 29%。

（4）炼油产业以油品质量升级和提高深度加工为重点，提高二次加工装置配套能力，多产车用燃料和化工原料，在满足油品质量不断升级的同时，石油资源的利用效率大幅提高。

（5）不断加大科技投入，积极组织技术攻关，开发应用节约资源能源的先进技术。如：积极采用水煤浆替代锅炉燃料；充分利用高硫石油焦，建设流化床锅炉（CFB），替代燃油锅炉；利用炼厂气和天然气资源，替代炼厂制氢用轻油原料和发电产的锅炉燃料；积极采用优化换热流程、干式减压蒸馏、组合式真空系统、提高加热炉热效率、采用变频电机等节能措施；蒸汽动力系统优化、热电联产、装置间的热联合、低温热利用、加快淘汰落后的工艺技术设备；实现原油和成品油管道化减少途耗等降耗措施，努力降低炼油装置的能耗和物耗。

（6）增加自发电装置，减少外购电量。自发电装置可将废热转换为蒸汽利用，其综合利用效率可达 80% 左右。实现热电联产还可利用燃气透平发电排放气体作为加热炉燃烧空气，其中主要是催化裂化装置利用再生器烟气来推动膨胀式涡轮旋转，驱动主风机或发电机发电。

(7) 要发展废水深度处理技术，做好废水污染防治。通过采用化学、生物与膜分离技术相结合的集成技术治理废水，实现循环利用和节约用水。

炼油企业需要不断提高自主创新能力，不断优化利用资源和节约原材料，最大限度地提高油气资源综合利用效率。还要建立起严格的能耗监管制度，并发动全员广泛参与节能工作，为我国大力发展循环经济、促进社会和谐发展作出应有的贡献。

参 考 文 献

1 中国石油化工集团公司年鉴2004. 北京：中国石化出版社，2004

2 中国石油天然气集团公司年鉴2004. 北京：石油工业出版社，2004

3 侯祥麟主编. 中国炼油技术(第二版). 北京：中国石化出版社，2001

4 侯祥麟主编. 中国炼油技术新进展. 北京：中国石化出版社，1998

5 孙晓风主编. 中国炼油工业. 北京：石油工业出版社，1989

6 侯芙生主编. 炼油工程师手册. 北京：石油工业出版社，1995

7 林世雄主编. 石油炼制工程(第三版). 北京：石油工业出版社，2000

8 张建芳等. 炼油工艺基础知识. 北京：中国石化出版社，1994

9 刘积文主编. 石油化工设备制造概论. 哈尔滨：哈尔滨船舶工业学院出版社，1989

10 刘天齐主编. 石油化工环境保护手册. 北京：中国石化出版社，1990

11 中国石油和石化工程研究会编著. 炼油设备工程师手册. 北京：中国石化出版社，2003